身近な
「匂（にお）いと香り」の
植物事典
自然が生み出した
化学の知恵
薬学博士
指田 豊
BAB JAPAN

はじめに

植物はいろいろなにおいを発します。動物のように動けず、声も発しない植物にとって、においは自分の存在を示す重要なものです。

たとえば、花が受粉するためにどこにいるかわからない昆虫に来てもらうために、においを発します。葉が虫に食われると、今ここにこんな虫がいますと、その虫を食べる虫を呼んだりすることもあるようです。

一方、葉や樹皮、材（材木）のにおいの多くは、虫や動物の食害や微生物の寄生による病気を防ぐためにあります。実際に、我々はクスノキのにおいである樟脳（しょうのう）をたんすの防虫剤に使っています。

材木は周辺を辺材、中央部分を心材といっています。辺材は淡黄褐色で生きた細胞が多く、中にある導管が根から吸い上げた水分を植物の各所に送る働きをしています。心材はそのような働きを終えた死んだ細胞の集まりで、木を支える働きをしています。死んだ細胞なので、虫の食害や微生物の感染を防ぐために、植物はここに防虫、防菌作用のある物質を蓄積しています。心材に色があり、香りがあるのはそのためです。

クスノキの樟脳は葉や樹皮にも含まれていますが、心材にも多量に含まれています。スギでは心材の精油含量が辺材の十倍もあるそうです。

バラの香りがするのでローズウッドの名がある紫檀（したん）は、南アジアに生えるマメ科植物の心材です。また白檀（びゃくだん）はインドなどに生育するビャクダン科の木の心材で、2~6%の精油を含んでいます。

においの面白い使い方をする植物もあります。イチョウの種子である銀杏は味もよく、栄養があるので、動物は好んで食べます。でも食べられてしまっては繁殖ができません。そこで銀杏のまわりを、大便のような悪臭のある物質で包んでいます。これなら銀杏を見つけた動物も「なんだ。ほかの動物の排泄物か」と通り過ぎてくれます。

これらのにおいの中には芳香といって、我々にとって好ましいものがあり、衣服や料理の香りづけに使い、においの成分である精油を抽出して化粧品などに使っています。一方、サトイモ科の植物の花のように悪臭のあるものもあります。これは受粉のために呼ぶ昆虫がハエのような虫だからです。

本書は身近に見られるにおいのする植物について、その植物の特徴や話題を随筆風の文章でわかりやすく紹介をするとともに、各植物の学名やにおいの成分をご紹介しています。また精油の分離法、においの成分の化学構造や植物の中でどう作られるかも書いてあります。

植物のにおいに関心のある方には読んでいただきたいし、ハーブやアロマセラピーを勉強している方にも役に立つと思います。また、庭木などを探している方も参考にしていただけると思います。

人間にとっての芳香も悪臭も、植物にとっては生命を存続させる偉大な手段ともいえます。ぜひ本書を利用しながら、植物の知恵に触れてください。

目次

［パート2］植物の形態とにおい成分

［序章］

本書を面白く読んでいただくために

植物とにおいの関係

◆植物がにおいを発する目的

生物は個体が勝手に進化をした子どもを作るのではなく、それぞれの種（しゅ）（タネではなく、生物の個々の種類のことです）が精子と卵子の結合で子どもを作ります。こうしてひとつの種全体で遺伝子を交換して進化をします。人に男と女がいて結婚をするのもそのためです。

植物が海草として水の中に生息しているときは、精子が泳いで卵子に達することができます。陸上でもコケやシダの前葉体（ぜんようたい）は、雨のときなどの地表の水を利用しますが、大きく育った種子植物はそうはいきません。そこで花を咲かせ、花粉を風で飛ばし、遠くに生えている花の雌しべに達すると、そこで雄核（精子に相当する）を作り、卵子と結合します。このような花を風媒花（ふうばいか）といいます。針葉樹やイチョウなどの花がこれにあたります。

次に誕生したのが虫媒花（ちゅうばいか）です。風媒花はどこに生えているかわからない花に花粉を飛ばすので、大量の花粉が必要で、何とも効率が悪いです。花から蜜を出して昆虫を呼び、蜜を吸う昆

虫の身体に花粉をつけます。昆虫は体に花粉をつけたまま次の花を訪れ、その花の雌しべに花粉をつけるので、極めて効率的です。風に飛ぶ小さな花粉ではないので、大きくてもかまいません。植物は昆虫に花があることを知らせるために花を目立つように大きく派手にし、遠くの昆虫にもここに花がありますよ、と知らせるために、においを発します。ロウバイやウメのように冬に咲く花の香りが強いのは、まだ寒くて昆虫が少ないので、遠くにいる昆虫も呼ぶためです。

◆植物が発するにおいの違い

花のにおいは人にとっても好ましいものが多いですが、中にはサトイモ科の植物のように、大便のような悪臭のある花もあります。これは花粉運びをハエのような昆虫に依存しているためです。

果物によい香りがするのは、果物の存在を鳥や動物に知らせて食べさせ、中に含まれている種子を吐き出したり、便と一緒に排泄させたりして、遠くに運び、分布を広げるためと思われます。

一方、葉や樹皮、材木などから発するにおいは、昆虫などの動物の食害や病原菌の感染を避けるためです。実際、我々はクスノキのにおいの成分の樟脳を、たんすの防虫剤として使っています。樟脳は結晶から液体状態を経ずに、直接気化してたんすの中に広がるので、着物を汚さないという長所があります。

材木は外周を辺材、中心部分を心材といいます。辺材は生きた細胞が多く、導管が水分を植物の各所に運ぶ働きをしています。心材はそのような働きをせず、木を支える働きをしています。心材は死んだ細胞ばかりなので、虫の食害や菌の感染で空洞ができないようにするための物質を蓄積しています。そのひとつがにおいの成分です。樟脳はクスノキの葉や樹皮だけでなく、心材に多量に含まれています。スギの心材の精油含量は辺材の約10倍もあります。

バラのような香りがあるのでローズウッドと呼ばれている紫檀は、クスノキ科植物の心材ですし、同じくよい香りのする黒檀（こくたん）はカキノキ科、白檀はビャクダン科の心材です。

においの変わった使い方はイチョウです。栄養豊富な銀杏は動物が好んで食べます。しかしそれではイチョウは繁殖できません。そこで、大便のようなにおいで銀杏の外側を覆い、動物に排泄物と思わせ、食害を避けています。

このように花以外が発するにおいは虫害等を避けるのが目的ですが、蝶のアオスジアゲハはにおいでクスノキを見つけて葉に卵を産み、葉が幼虫に食べられます。これは昆虫の一世代が短いのでどんどん環境に合わせて進化をし、むしろにおいを利用するように変わったためと思います。

植物の分類と名前

◆植物の分類

生物の個々の種類のことを種といいます。なお一般には種は「タネ」と読んで、土にまくと苗を生じるものをいいますが、種は植物学では種子といいますので、注意してください。種は同じ種同士で交配して子を作ります。子は多少の違いがあっても親と同じです。こうして生物は種全体で子孫を作り、進化をしていきます。

似た種をまとめて属と呼び、似た属をまとめて科と呼び、さらに目、綱、門とまとめられます。たとえばクスノキはニッケイやヤブニッケイなどとともにニッケイ属 *Cinnamomum* とされ、ニッケイ属はゲッケイジュ属、クロモジ属などとともにクスノキ科になります。

スウェーデンの植物学者リンネの登場以来、このような分類は形態などの観察で得た知識で行われました。ところが１９９８年になり、ＡＰＧ(Angiosperum Phylogeny Group：被子植物系統グループ）体系が公表されました。これは細胞内の遺伝子のＤＮＡの解析で分類するもので、カエデがカエデ科ではなく、ムクロジ科になるなど、一部に大きな変化があります。

◆学名

種には国際的に通用する学名がついています。植物の場合は「国際藻類・菌類・植物命名規約」に従ってつけられます。種につけられる学名は種名（しゅめい）species nameといい、ラテン語の属名（ぞくめい）と種小名（しゅしょうめい）の2語からなっています。ラテン語ではない言葉も、ラテン語の文法に従えば使えます。たとえばワサビの属名は日本語由来の *Wasabia* です。

属名は名詞で、最初の一文字は大文字です。種小名は属名を形容する語で、すべて小文字で、形容詞、名詞の属格（英語の所有格にあたる）などが使われます。たとえばスギは *Cryptomeria japonica*（L.f.）D.Don です。学名は他の文字と区別できるように書くということで、斜体（イタリック）にします。*Cryptomeria* はギリシャ語の kryptos（隠れた）と meris（部分）に由来し、花や球果の組織が隠れているからとか、葉の基部が重なり合って隠れているからとか、いろいろいわれています。*japonica* は日本のという意味です。

（L.f.）D.Don は学名の命名者で、（　）内の L.f. は Linne の息子（filius）です。はじめに Linne の息子がつけた学名 *Cupressus japonica* L. f. を David Don がこの学名に変えたことを意味しています。

学名を書くとき、すでに属名が前出していてわかる場合は、*C. japonica* のように属名を最初の1字だけ書けばよいことになっています。

同じ種でも、形態などが違うものがあります。違いが大きい順に亜種subspecies、変種varietus、赤い花の咲く種なのに白い花が咲いたとか、毛があるはずなのにないとかいった、わずかな違いのあるものを品種formaといい、それぞれ基の植物（母種）の学名のあとに、subsp.、var.、formaまたはf.のあとにイタリックのラテン語を添えて学名とします。subsp.、var.、forma、f.はイタリックにしません。

このように、ある種に、亜種、変種、品種があると、その母種の学名はこれらを含めたものになります。そうではなくて、学名を命名したときの植物を示す場合は、subsp.、var.、forma、f.のあとに母種の種小名をつけ、命名者名はつけないという学名にします。カキドオシの項にあるセイヨウカキドオシの *G. hederacea L. subsp. hederacea* がその例です。

植物が同じ属の植物の雑種の場合は種小名の前に×印、別属の雑種の場合は新しい属名の前に×印をつけます。接ぎ木などによってできた栄養雑種の場合は、×印の代わりに＋印を使います。

学名の発音は決まっておらず、各国でその国の言葉の発音に従っています。日本であればローマ字の発音に従えばよいでしょう。ただ少しでもラテン語に近づけたければcはkの発音、j、yはiの発音、vはwの発音にすればよいでしょう。

学名には先取権というのがあって、同じ植物に何人かが学名をつけた場合、最も早くに命名したものを使うなど、ひとつの種はひとつの学名になるようにしています。

ところが、学者の見解の相違、たとえばある植物について、似た植物の別種である、亜種である、変種であるなどの考えの違いで、ひとつの植物にいくつもの学名がついていることがあります。複数の書物から学名を引用すると、見解の相違が反映されておかしくなることがあります。

このような場合はインターネットで日本の植物、日本で知られている植物についてはYlist、世界の植物についてはＩＰＮＩ（International Plant Names Index）を調べるのがよいでしょう。

◆栽培植物の名前（栽培品種名）

栽培植物に関する命名規約には国際栽培植物命名規約があります。それによりますと、栽培で作り出された品種は学名の後に‘ ’（シングルクォーテーション）で囲って、名前を書きます。昔はcv.のあとに名前を書いたのですが、今は認められていません。名前はアルファベットで書きますが、ラテン語は禁止されています。

◆地方名

　このような国際的に通用する学名や栽培品種名に対して各地で使われている植物名を地方名といいます。日本で使われる名前は和名（わめい）といいます。図鑑などで使われて日本中に通じる和名を標準和名（ひょうじゅんわめい）といいますが、標準和名を決める規則はなく、決める団体があるわけでもありません。

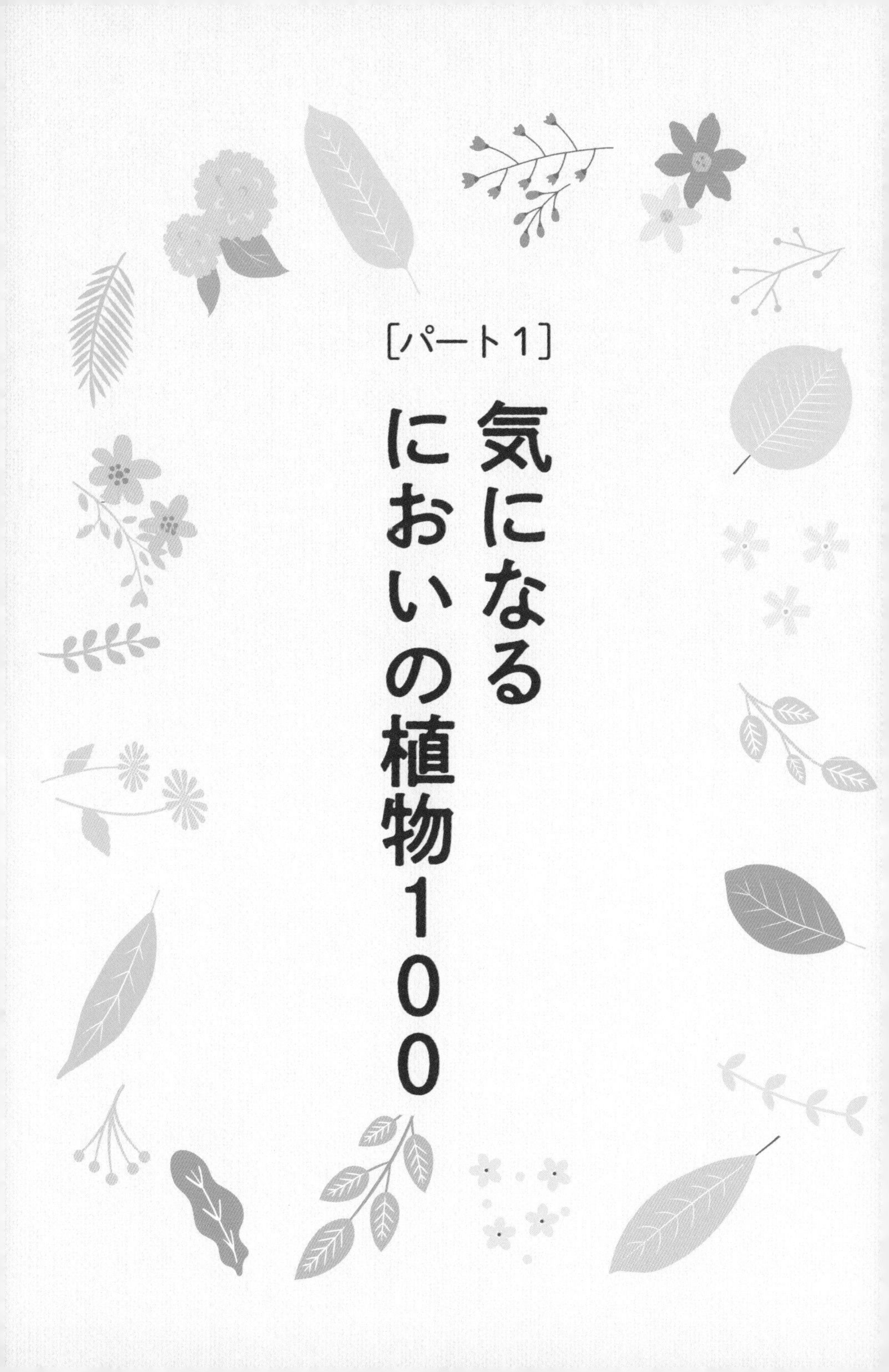

［パート１］

気になるにおいの植物100

アカマツとクロマツ

マツの仲間（マツ科マツ属 *Pinus*）はごく短い枝（短枝(たんし)）に針のような細長い葉がつく植物で、日本には数種類が自生しています。これらは2つのグループに分類され、短枝の上部にアカマツやクロマツのように非常に細長い葉が2本つくもの（**図1**）と、ゴヨウマツやハイマツのようにやや短い葉が5本つくものがあります。

アカマツもクロマツも常緑の高木で、アカマツは北海道南部から本州、四国、九州の内陸に生え、乾燥したやせ地にも耐え、そのような場所でよく見られます。一方、クロマツは青森以南の本州、四国、九州の海岸沿いに生えています。両植物とも庭木としてよく植えられています。

アカマツ（**図2**）は名前のとおり木の肌が赤褐色、クロマツ（**図3**）は黒っぽいので、遠くからでも見分けがつきます。アカマツは高さが30m、幹の径は1.5mになります。葉は長さ7～10cmほどです。一方、クロマツは高さが40m、幹の径は2m、葉は長さ10～15cmほどになり、アカマツより太くてかたいです。クロマツのほうが雄大なので、アカマツをメマツ、クロマツをオマツともいいます。

樹脂はスポーツ、芸術にも大活躍

マツの幹に大きなV字型に傷をつけると、精油を15～30％ほど含んだドロドロの液が分泌され、V字の下の部分から垂れてきます。これをターペンチンあるいは生松脂(せいしょうし)といいます。生松脂を水蒸気蒸留して採れる精油がテレビン油です。蒸留せずに残ったものはロジン、コロホニウムあるいは一般に松脂(まつやに)といいます。

テレビン油は肌を刺激し、血行を促す作用があるので、葉を鍋で煎じてその汁を風呂に入れるか、刻んで布袋に入れ、風呂に浮かせると血行を促し、疲れを取る薬湯になります。またテレビン油は塗料や油絵の具などの溶媒、リナロールなどの香料の合成原料にします。

ロジンは精油を除いた物質なので、においはありません。非常に粘る物質で、野球のボールのすべり止めにしたり、バレーダンサーの靴に塗って滑るのを防いだりします。またバイオリン、ビオラ、チェロなどの弦楽器を演奏するときの弓に使います。弓に付いている糸は馬の尻尾の毛ですが、つるつるでは弦を擦っても音が出ません。ロジンを塗って弦が振動するようにします。

図2　アカマツ

図1　アカマツの葉
短枝から2本の葉が出ている

図3　クロマツ

【学名】

アカマツ　*P. densiflora* Siebold et Zucc.

クロマツ　*P. thunbergii* Parl.

【科名】　マツ科

【においの部位とにおいの成分】

生松脂を蒸留して得たテレビン油：α - ピネン α -pinene、β - ピネン β -pinene

【似た植物】

葉が短枝から 2 本出るマツとして、沖縄にはリュウキュウマツが生えています。リュウキュウアカマツの別名があるように、全体はアカマツに似ていますが、古い木肌は黒っぽいです。葉は長さ 15cm ほどになりますが、細くてクロマツのように硬くありません。

トピック

マツ属であれば世界中のどのマツの精油もほぼ同じ成分であるようで、日本の医薬品の基準書である『日本薬局方』では、テレビン油の原料植物をマツ属とだけ定めています。

アスパラガス

アスパラガスのにおいは尿に出る

アスパラガス（**図1**）はヨーロッパ原産の雌雄異株の多年草で、茎の高さは1～2mになります。葉は退化して鱗片状で小さく、茎を覆っている緑色で糸状のものは細い枝です。アスパラガスは葉に代わって枝で光合成をしているのです。

伸びはじめの若い茎を食用にするために、ヨーロッパでは古くから栽培されてきました。雌は太い芽を出し、雄はそれより細い芽ですが、全体の収穫量は雄のほうが多く、また雄株は丈夫なために、雄株のほうが栽培にはよいのですが、外見では区別できず、花が咲いてはじめて区別できます。雌株は秋に赤い果実をつけます（**図2**）。

北米には移民とともに導入され、今では広く栽培されています。日本に渡来したのは明治の初めのようです。大正時代には欧米へのホワイトアスパラガスの缶詰の輸出用に、北海道で盛んに栽培されるようになりました。その後、日本の中でも消費されるようになり、昭和40年頃にはグリーンアスパラガスが主流になりました。北海道のほか、長野県、佐賀県、長崎県、熊本県が主な生産地です。

ホワイトアスパラガスとグリーンアスパラガスは全く同じ植物で、土寄せをして若い茎を日にあてないとホワイトアスパラガスになり、そのまま育てるとグリーンアスパラガスになります。

アスパラガスには変なにおいがないのに、食べると尿に独特のにおいがつくことが知られています。これはアスパラガスに含まれるアスパラガス酸のような硫黄を含む化合物から体内で生成される成分が尿に出てくるためです。

でも「私の尿は無臭です」という人のほうが多いです。全員がこのにおいの尿をしているのですが、そのにおいを嗅ぎ分けられる人が数人に1人であることがわかりました。イスラエルで行われた実験によりますと、約22%の人がこのにおいを嗅ぎ分けられたそうです。他人の尿のにおいを嗅いでまわる人はいませんから、尿のにおいがわかる人が自分の尿だけが臭いと思っていたわけです。

日本にはアスパラガスと同属の植物は海岸近くに生えるクサスギカズラ（**図3**）、山の草原に生えるキジカクシなど4種が自生しています。

図2 アスパラガスの果実

図1 栽培中のアスパラガス (IS)

図3 クサスギカズラ

【学名】 *Asparagus officinalis* L.

【科名】 クサスギカズラ科、旧ユリ科

【別名】 オランダキジカクシ、マツバウド

【においの部位とにおいの成分】

アスパラガスを食べた人の尿にはメタンチオール methanethiol が含まれます。ただし、S-メチルチオプロピオン酸 S-methyl thiopropionate などとする説もあります。

これらはアスパラガスに含まれる硫黄を含むアスパラガス酸 asparagusic acid などからヒトの体内で作られます。

アンズ（アプリコット）

種子は薬効とともに猛毒も含む

アンズはウメと近縁の落葉高木です。3月下旬から4月にかけて、ウメほど一般的ではありませんが、庭先などでアンズの花（図1）が見られます。ウメが寒空の中、香りを漂わせながら凛（りん）として咲いているのに対して、アンズは香りはありません。しかし、ふくよかな淡紅色の花に陽を一杯に浴びて、心躍る春が来たことを教えてくれます。花は枝の1か所に2輪ときに1輪をつけます。花の径は約3cm、花弁は5枚、萼片も5枚で外側に反り返るのが特徴です。果実（図2）は6～7月に熟し、ウメより大きく直径が3～4cmで、外面には微細な毛が生えています。中心に硬い核（内果皮）があり、これを割ると中にアーモンドのような形をした種子があります（図3）。

アンズの原産地は中国の北部で、新疆（しんきょう）ウイグル自治区に野性の純林が見られます。これはウメが中国南部原産で、長江流域以南で栽培されているのと好対照です。

紀元前2～1世紀頃、西に伝わり、東ヨーロッパのアルメニアで栽培されるようになりました。学名の armeniaca はこの植物がアルメニア産と考えられたためにつけられました。日本にいつ渡来したかはわかりませんが、カラモモ（唐桃）の名で『古今和歌集』（905）に登場し、漢和辞典の『和倭名類聚鈔（わみょうるいじゅうしょう）』（930年代）も杏子をカラモモ（加良毛ゞ）としているので、この頃には日本に定着していたようです。

アンズの果実は生食のほか、干しアンズ、ジャム、シロップに加工します。香りの成分はゲラニオール、リナロールなど80種以上の成分からなっているそうです。種子は杏仁（きょうにん）といい、漢方で咳、痰、むくみなどに用います。種子にはアミグダリンが含まれていて、水の中ですりつぶすと梅酒のような香りのベンズアルデヒドと猛毒な青酸が発生します。種子の粉末、砂糖、牛乳、ゼラチンまたは寒天で作った杏仁豆腐（あんにんどうふ）は、名前のように豆腐に似ており、よい香りと甘い味の食べものです。青酸は気体で飛び去っていますので、危険はありません。それでは製造中は青酸ガスを吸って危険かというと、量が少ないのでまず心配はありません。杏仁そのものをたくさん食べると胃で青酸が発生して危険ですが、そんなことをする人はいないでしょう。

図2　アンズの果実

図3　果実の分解
左:熟した果実、中:果実の中にある内果皮、
右:内果皮を割ると出てくる種子（杏仁）

図1　アンズの花

【学名】

アンズ　*Prunus. armeniaca* L. var. *ansu* Maxim.

（中国産はホンアンズ　*P. armeniaca* L. var. *armeniaca*）

【科名】　バラ科

【別名】　英名：apricot

【においの部位とにおいの成分】

果肉：ゲラニオール geraniol、リナロール linalool、

ベンジルアルコール benzyl alcohol など。

種子の分解物：ベンズアルデヒド　benzaldehyde

【似た植物】

ウメ（ウメの項参照）

トピック

漢方でアンズの種子を杏仁というのに対して桃の種子を桃仁（とうにん）といいます。両者の主な成分は脂肪とアミグダリンでよく似ていますが、杏仁は駆水薬、桃仁は駆瘀血薬（くおけつやく）で働きが違います。瘀血は流れが悪くなった血を意味しています。

イエライシャン（トンキンカズラ）

甘い香りで夜行性の昆虫を誘う

イエライシャン（**図1**。中国名：夜來香）は常緑のつる性木本植物です。細い枝が他物にからんで数m伸びます。枝ははじめは緑色で細かい毛が生えていますが、次第に灰褐色で無毛になります。葉は対生し、基部は凹(へこ)んだハート形で長さは6cmほど、葉柄は長いです。花期は8〜10月で、花は葉の腋から10個ほどが下向きに咲きます。花冠の基部は丸く膨れ、上部は5裂して、径は2cmほどです。花冠の内側は淡黄色、外側は淡緑色です（**図2**）。この植物の原産地は中国南部、インドシナ半島、インドです。暖地生なので日本で育てるときは、冬は室内に入れる必要があります。

この植物が有名になったのは満州映画協会のスターであった李香蘭（り こうらん、リ・シャンラン）が1944年に中国で「夜來香」のタイトルで歌ったためでした。作詞・作曲は中国人です。しかし、1945年に終戦となり、日本人である李香蘭は国外追放となり、日本に帰国しました。帰国後は本名の山口淑子の名で歌いました。日本語の作詞は佐伯孝夫です。非常に人気のあった歌で、イエライシャンの名はこの時代の人達の記憶に残りました。

学名の *Telosma* はギリシャ語の tele（遠い）と osma（香り）の合成語で、遠くまで香ることを意味しているように、花にはよい香りがあり、その香りはレモン、チョウジ、はちみつなどにたとえられるように好評です。英語でも Chinese violet（中国のニオイスミレ）、Tonkin jasmine（ベトナム北部のトンキンのジャスミン）のように香りのある植物として呼ばれています。夜來香の名のように特に夜になると強く香り、強すぎて迷惑という人もいます。これは花が受粉のために昆虫を呼びたいのですが、元来が暑い地方に生える植物なので、暑い昼間は活躍せず夜活躍をする昆虫を呼ぶためです。

ついでに書きますと、学名の *cordata* はラテン語でハート形という意味をもち、葉の形を表しています。

図2 イエライシャンの花 （Is）

図3 バラの夜来香（イエライシャン） （St）

図1 イエライシャン （Is）

【学名】 イエライシャン *Telosma cordata*（Burm.f.）Merr.

【科名】 キョウチクトウ科 旧ガガイモ科

【別名】 中国名を音読みしたヤライコウという和名もあります。

【においの部位とにおいの成分】

花：ゲラニオール geraniol、β - ヨノン β -ionone、
ジヒドロβ - ヨノン dihydro- β -ionone など。

トピック

バラ（バラ科）の品種にも夜来香と呼ばれるものがあります。藤色の花の咲くバラです **(図 3)**。岐阜県のバラ栽培家の青木弘道さんが作出をしたもので、部屋に飾っておいたら夜、部屋中が香ったことから夜来香と名前をつけて新種登録をしたそうです。２０１３年に新潟県で開催された「第６回 国際香りのバラ新品種コンクール」でハイブリッドティー系金賞、国土交通大臣賞、新潟県知事賞の３賞を受賞しました。

イチョウ

強烈な臭気は動物に食べられるのを防ぐため

イチョウ**（図1）**は中国原産の落葉樹で、大木になり、丈夫で秋の黄葉が美しいので、寺院や公園に植えられています。化石の研究でイチョウの仲間は一億五千万年前の恐竜がいた時代に大繁殖し、250万年前頃の氷河期に絶滅をしたと考えられています。ところがただ一種だけ中国に生き残っていました。それがイチョウで、日本には鎌倉・室町時代に渡来しました。イチョウは中国では銀杏、公孫樹、鴨脚樹などといいます。鴨脚の中国での発音、jacianが基になって日本語のイチョウになったようです。鴨脚は葉の形**（図2）**が鴨の水かきをつけた足に似ているからです。

江戸時代に長崎の出島に来たドイツ人の医師ケンペルは、植物にも詳しく、化石でしか見たことがないイチョウが、長崎のあちらこちらに生えているのを見て驚き、標本にして当時の植物分類の権威であるスウェーデンのリンネに送りました。リンネが学名をつけて公表したので、その存在が知られるようになりました。

原始的な植物で、タネ（種子）がむき出しになっていて、果実の中にありません。こう書くと「銀杏（ぎんなん）というタネがあり、これを臭い果実が包んでいるではないか」と不思議に思う人がいるかもしれません。でも植物学的には臭い果肉様の部分を含めて全体が種子なのです**（図3）**。あのにおいは、酪酸などの炭素鎖の短い脂肪酸です。うっかり踏むと靴が臭くなり、イヌのうんちでも踏んだのかなと疑うほどの悪臭です。幸いにもイチョウは雌雄異株なので、雄株を植えればそういう心配はありません。でも若いうちは雄雌の区別がつかないので、イチョウ並木にはときどき雌も混ざっています。

においはなく、栄養豊富で味もよいぎんなんは、動物のよい食料になりますが、食べられてしまえば繁殖ができませんので、イチョウはそれを防ぐためにあの臭いを発するようになったと思います。これなら落ちていたタネを見つけた動物は「なんだほかの動物のうんちか」と、通り過ぎていきます。

図2 イチョウの葉

図3 イチョウの「実」
果実のように見えますが、全体が種子

図1 黄葉したイチョウ

【学名】 イチョウ *Ginkgo biloba* L.

【科名】 イチョウ科

【においの部位とにおいの成分】

種皮：酪酸（らく酸）butyric acid、

ヘプタン酸 heptanoic acid（= エナント酸 enanthic acid）

【似た植物】

似た植物はありませんが、種子がむき出しという裸子植物は、ほかにソテツや針葉樹などがあります。

トピック

ぎんなんは栄養豊富な食材ですが、ビタミン B_6 の吸収を妨げる成分を含んでいるために、大量に食べると中毒を起こします。特に子どもは少量でも中毒をすることがあるので、注意が必要です。果肉様の部分は悪臭だけでなく、ウルシに似た成分を含んでいて、皮膚につくとかぶれを起こします。そのために銀杏拾いは、拾ったものをゴム手袋をつけて流水で洗うか、土に埋めて外側が腐って消えるのを待ちます。

ウイキョウ（フェンネル）

洋風の植物だが、平安初期にはすでに存在

ウイキョウ（**図1**）はヨーロッパ南部原産の多年草です。果実によい香りがあることから世界に広がっています。中国では唐時代に書かれた薬物書の『新修本草』（695）にのっており、日本では平安初期の薬物の漢和辞典である『本草和名』（918）にのっています。

大型の草なので家庭に植えることはあまりありませんが、各地の薬用植物園で見ることができます。草丈は2mに達します。葉身は平らに広げると広い三角形で、長さ30cm、幅40cmに達しますが、4、5回羽状に分裂し、最終裂片が糸のように細いので、生えている姿から葉の全体の形は想像できません。6月から8月に茎の先端から花の枝が傘の骨のように何本も出て、その先が再び傘状に分かれて花がつきます（**図2**）。花は小さく、黄色い5枚の花弁からなります。果実は長さ3.5～8mm、幅1～2.5mmのだ円形です。小さいですが、種子ではなく果実です。これを茴香（ういきょう）と呼びます（**図3**）。

茴香は特有の芳香と甘味があるので、そのまま、あるいは粉末にして、ケーキの香りづけや料理のスパイスとして使います。私はかつてオーストリアの喫茶店で朝食を頼んだら、コーヒーとともに茴香がそのままぱらぱらと入ったパンが出てきました。違和感はなく、おいしく食べることができました。葉も同様な香りがあり、料理の香りづけやサラダの材料として使うことができます。リキュールの香りづけにも使われます。

ヨーロッパでは、ウイキョウの果実を胃の運動を盛んにし、消化液の分泌を促し、食欲を増進させる薬として用います。精油は咳止めに使います。また、精油には女性ホルモンのエストロゲン様作用があるために、更年期障害による不調の改善効果が期待されます。一方、トルコで1歳の女児がウイキョウのお茶を飲み続けたところ、乳房が発達してきたという報告があります。そういうことから妊婦や乳幼児の服用は注意が必要です。

漢方でも他の生薬とともに胃の不調に使うほか、身体の冷えによる痛みに使います。

図3　ウイキョウの果実、茴香
中国産（左）と茨城産（右）

図1　ウイキョウ

図4　トウシキミの果実、大茴香
左下は種子

図2　ウイキョウの花

【学名】　ウイキョウ（茴香）　*Foeniculum vulgare* Miller.

【科名】　セリ科

【別名】　英語で fennel

【においの部位とにおいの成分】

全草においますが、通常使用するのは果実です。精油（3～8%）を含み、においの成分はアネトール anethole（主成分)、エストラゴール estragole、（+）- フェンコン （+）-fenchone、（±）- リモネン （±）-limonene などです。

【似た植物】

大茴香と呼ばれるものがあります。中国南部や東南アジアで栽培される常緑低木、トウシキミ *Illicium verum Hook.* fil.（シキミ科）の果実を大茴香といいます。6～8つのボート形の分果が1点で集まった星形の果実で、質は木質、色は赤褐色、直径は3～ 3.5cm ほどあります。植物も果実の形も全く違いますが、アネトールを主成分とする精油を含んでいるので、ウイキョウを小茴香というのに対して、大茴香といいます **(図 4)**。通常8つの角があるところから、八角茴香とも呼ばれています。大茴香は中華料理で好まれる香辛料で、豚肉料理の香りづけによく使われます。五香粉という香辛料の主成分でもあります。

ウィンターグリーンとシラタマノキ

塗布薬でおなじみの成分を含む

ウィンターグリーン（ヒメコウジ、チェッカーベリー）は常緑の小低木で、地下浅くに地下茎を広げ、そこから高さ高さ6～20cmほどの細い茎を伸ばします。葉は互生し、長さ1.5～2.5cmほどのだ円形で、先はややとがっています。厚みのある革質で、上面は光沢があります。夏に茎頂に数個の白色の壺（つぼ）状の花が下向きに咲きます（**図1**）。果実は丸く、直径が6～9cmほどで赤色です（**図2**）。でもこの果実の外側の赤く丸い部分は萼（がく）が肥大したもので、その中に本物の小さな果実があります。葉を破ると、サロメチールとそっくりなにおいがします。サリチル酸メチルのにおいです。果実も同じにおいがします。果実は甘味があり、においを気にしなければ食べられます。

この植物の自生地は北アメリカの東側で、北はカナダのニューファウンドランド島から南は合衆国のアラバマ州まで、広い範囲に生えています。日本でも鉢植えや栽培用の種子を売っているので、楽しむことができます。冬に赤い実がなるので正月の飾りに使えます。

日本には鳥取県の伯耆大山と中部地方以北の本州、北海道の亜高山体の日あたりのよい岩場に同じ属のシラタマノキ（シロモノ）（**図3**）が生えています。高さは10～30cm、葉は長さ1.5～3.5cmで形はウィンターグリーンに似ていますが、それほど厚くなく、先は丸く、上面の光沢も弱いです。花期は6～7月で、ウィンターグリーンと同様に白色の壺状で下向きに咲きます。果実は径が6～8mmの球形で、白色です。こちらも、葉や果実にサリチル酸メチルが含まれています。

サリチル酸 salicylic acid（**図4**）はベンゼン環にカルボキシル基-COOHと水酸基-OHがついた物質です。カルボキシル基がメタノールと結合するとサリチル酸メチルになり、水酸基が酢酸と結合するとアセチルサリチル酸、すなわちアスピリン aspirin になります。サリチル酸メチルは液体で、関節痛、筋肉痛に塗布薬として使い、アスピリンは固体で、鎮痛、解熱薬などとして内服します。比較的に安全な薬ですが、どちらも大量使用により、頭痛、悪心、嘔吐、食欲不振などを起こし、アスピリンは止血しにくいなどの副作用があります。

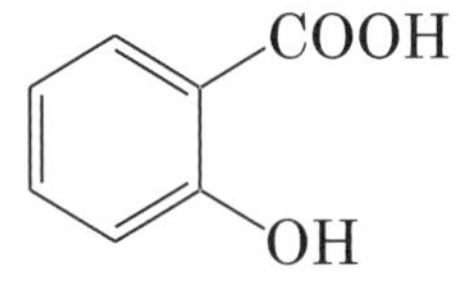

図4　サリチル酸

図2
ウィンターグリーンの果実
赤くて丸い部分は肥大した萼

図3　シラタマノキの果実
肥大した萼は白色

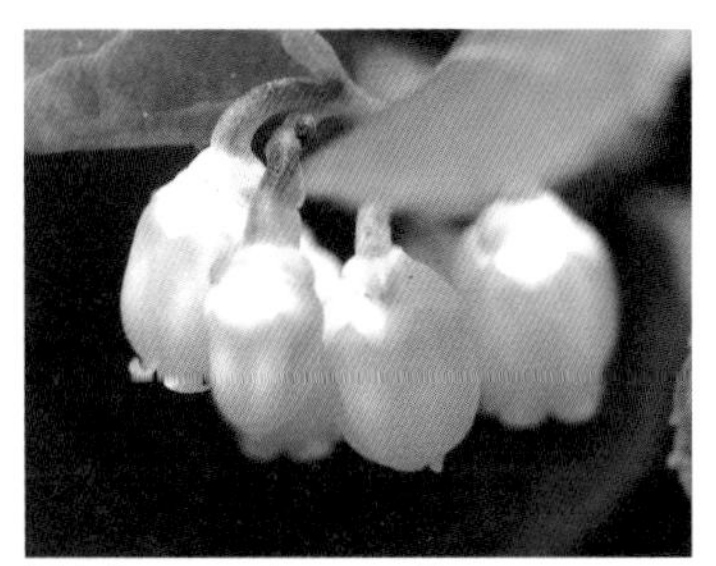

図1 ウィンターグリーンの花

【学名】

ウィンターグリーン　*Gaultheria procumbens* L.

シラタマノキ　*G. pyroloides* Hook.f. et Thomson（ = *G. miqueliana* Takeda）

【科名】 ツツジ科

【別名】 英名：wintergreen、checkerberry

【においの部位とにおいの成分】

上記２種の葉、果実などの植物体：サリチル酸メチル methyl salicylate（主成分）。ウィンターグリーンの場合は精油（wintergreen oil、冬緑油）の何と 99%はサリチル酸メチルです。

【似た植物】

日本の高山のシラタマノキが生えている近くには、よく似たアカモノ *G. adenothrix*（Miq.）Maxim. が生えています。葉はシラタマノキと似ていますが、先がとがり、果実は赤いです。果実が赤いのはウィンターグリーンに似ていますが、私がかじった経験では果実にサリチル酸メチルのにおいはしませんでした。

ウコン

カレーのしみは日にあてると消える

ウコン（図1）は東南アジアあるいはインド原産の多年草です。沖縄には15～16世紀に渡来し、江戸時代に盛んに栽培されました。今でも那覇の国際マーケットに行くと、ウッチンの名で沖縄産のウコンが売られています。地球の温暖化で、東京でも冬だけ保護すれば屋外で栽培できます。

葉は高さ1m前後で、バナナの葉を小型にしたような形です。秋に花茎を伸ばし、その先に花をつけます。純白で清楚な花に見えますが、あれは花を保護する苞（ほう）で、苞の内側に黄色い小さな花があります。地下に肉質の根茎があります。

根茎を乾燥したものが、生薬や料理の着色料にするウコン（鬱金、郁金）です（図2）。ウコンの黄色い色素はクルクミンです。たくあんなどの食品の着色に使われますが、特にカレーの材料としてよく知られています。カレーは20～30種もの香辛料が使われます。その中でウコンは、黄色の着色と多少の香気を担当しています。ウコンは昔から赤ちゃんの産着や風呂敷の染色に使われました。ウコン染めの風呂敷は、大切な衣装や書類を包むのに用いられました。衣装の保存には、今でもウコン染めの和紙が使われています。これはウコン染めに防虫、抗菌作用があることを利用したものです。ウコン染めを赤ちゃんの産着に使うのも防虫、抗菌作用によって肌を守ることを期待したものと思います。

ウコン染めは輝くような黄色に染まりますが、日光で退色しやすいという欠点があります。ウコン染めを大切なものを包むのに使うのは、抗菌作用だけではなく、大切なものはウコンが退色しないような戸棚の奥にしまいなさいという意味もあったと思います。カレーを食べたときなどシャツにつくと、黄色に染まり、石けんで洗うと石けんのアルカリ性でかえって赤くなって困るのですが、日光に弱いので心配はいりません。何回か日に当てているうちに消えてしまいます

ウコンの色素は強力な胆汁分泌促進作用がありますが、根茎を水蒸気蒸留して得た精油にも同様な作用があります。また消化力促進、抗真菌、抗酸化、抗炎症作用があります。ニキビやしわ、油性肌などの改善によいそうです。

図1　ウコン

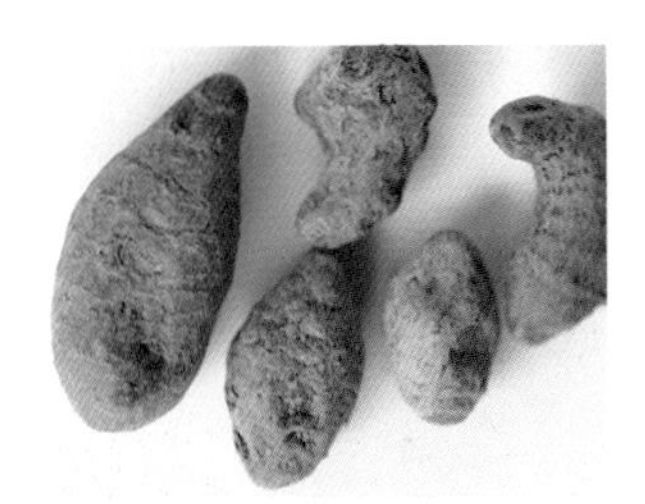

図2　生薬、鬱金

図4
ガジュツ（ムラサキウコン）
（Is）

図3
ハルウコン（キョウオウ）
（Is）

【学名】 ウコン（鬱金） *Curcuma longa* L.（=*C. domestica* Val.）

【科名】 ショウガ科　**【別名】** 中国名：姜黄、英名：turmeric

【においの部位とにおいの成分】

根茎：ターメロン turmerone を主成分とする精油を 1.5 ～ 5.5%含みます。

【似た植物】

ウコンに似た植物に中国南部から東南アジア原産のハルウコン（キョウオウ）*C. aromatica* Salisb. があります。名前の通り花は春に咲きます。苞が赤紫できれいです **（図 3）**。根茎のクルクミン含量は少ないですが、免疫力を高めるという研究があります。屋久島、種子島で栽培されているものにガジュツ（莪朮）*C. zedoaria*（Christm.）Roscoe があります **（図 4）**。南アジア原産の植物で、苞はキョウオウに似て赤紫です。根茎を切ったときの色は青紫です。そのために最近はムラサキウコンと呼ぶ人がいます。芳香性健胃薬として使われます。

トピック

ウコンとハルウコンの漢字名は日本と中国で異なります。また現代中国と昔の本草書でも違いますので、この両植物の文献を読むときは注意が必要です。

名前の由来は細い根が辛いことから

ウスバサイシン（**図1**）は山地の林下に生えるカンアオイの仲間の多年草で、全草に精油を含んでいます。本州と九州北部に自生し、中国、朝鮮半島にも生えています。根茎は地をはい、その先が株になり、長さ5～8cmのハート形で先のとがった葉を2枚つけます。葉柄は高さが10cm前後です。葉は冬は枯れ、名前のとおり他のカンアオイに比べて薄く、上面に光沢はありません。株元からは地下に多数の根が出ます。その根は細く、味が辛いので細辛（さいしん）といいます。花は3～4月に咲き、2枚の葉の間から短い花茎を伸ばし、その先に1個の花がつきます。花は花弁がなく、萼が壺状となり、その先は三角形で紫褐色の3枚の裂片になっています（**図2**）。ときに緑色の花の咲く株があり、珍しい株として園芸家が大切に栽培をしています。

種子は5月に熟します。小さな粒で、地面に接するような果実になるので、種子がこぼれても親株のまわりに散るだけです。これでは生育地が広がりません。しかし、ウスバサイシンの種子にはカルンクルという小さな塊がついています。これは栄養豊富でアリが好む塊です。アリは種子を見つけると、このカルンクルを巣に持っていこうとします。運んでいる途中で種子が外れれば、種子はそこまで移動をしたことになります。あるいは巣まで運んだアリがカルンクルを巣の中に取り込み、種子は巣の外に捨てるかもしれません。こうしてウスバサイシンは生育範囲を広げてゆきます。

根は細辛の名で生薬にします（**図3**）。根茎に多くの長さ15cm、径が1mmほどの褐色で細長い根がついています。薄い痰が出る咳、頭痛、歯痛、関節の痛みなどに使います。『本草綱目（ほんぞうこうもく）』（1596）の細辛の附方の項に、口内炎に粉末を酢で練って臍（へそ）につめるという記載があり、実行してみると、確かに効果があるそうです。ときに生薬に葉がついていることがありますが、これは間違いなく細辛であることを示すためです。葉は有毒ですので、使うときは取り除いてください。

図1 ウスバサイシン

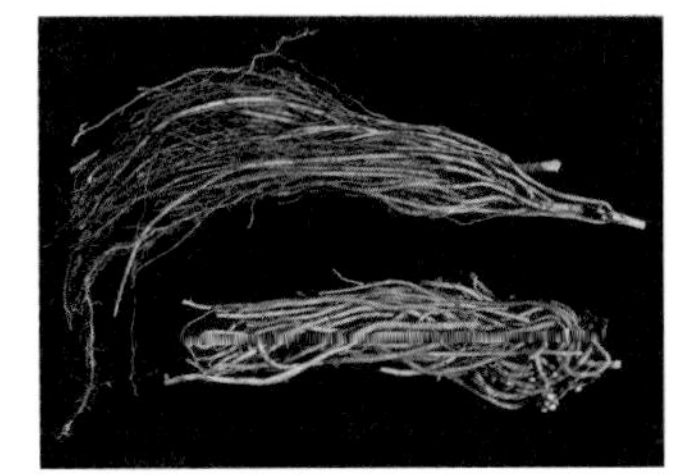

図3 生薬 細辛

図2 ウスバサイシンの花

【学名】

ウスバサイシン

Asarum sieboldii Miq. = *Asiasarum sieboldii*（Miq.）F.Maek.

【科名】 ウマノスズクサ科

【においの部位とにおいの成分】

全草、薬としては根：精油（2～3%）、エレミシン elemicin、メチルオイゲノール methyleugenol、サフロール safrol など。

トピック

美しく、春の妖精と呼ばれる蝶に、アゲハチョウの仲間のギフチョウとヒメギフチョウが居ます。ギフチョウは各種のカンアオイ、ヒメギフチョウはウスバサイシン（東北ではオクエゾサイシン）だけを食べます。葉の裏に産みつけられた卵から孵（かえ）った幼虫は、最初は集団で葉を食べていますが、食べ尽くすとばらばらになり、次の餌を求めて移動をします。幼虫は葉に含まれるメチルオイゲノールのにおいに引き寄せられる性質がありますが、遠くの幼虫を呼び寄せるほどのにおいを出していると思えません。体長数㎜にも満たない幼虫にとって、次の株を見つける移動は危険で、あてもないたいへんな一人旅です。

ウメ

奈良時代より春到来を告げる

ウメ（図1）は中国原産の落葉樹です。日本では奈良時代には広く栽培され、『万葉集』にはウメに関する歌が119首のっています。

2月の寒くて雑木林の木々も葉を落としたままの中で、ウメの花（図2）を見ると厳冬期を過ぎて、これから一歩ずつ春に向かうのだという喜びを感じます。しかもウメの花にはよい香りがあります。これは寒くて受粉を手伝ってくれる昆虫の少ない時期なので、香りで遠くにいる虫に花の存在を知らせるためと思います。その香りの主成分は酢酸ベンジルです。

お香には香りの材料を粉末にして蜂蜜などで練り固め、それを加熱して香りを楽しむ薫物（たきもの）があります。平安時代以来、六種（むくさ）の薫物といって、6種の重要な薫物があります。そのひとつが「梅花」ですが、数種の香木の粉末が使われており、ウメの花は入っていません。ウメの咲く早春の情景をイメージした薫物です。源氏物語に登場し、その香りは「華やかで現代風で、この頃（春）の風に薫らせるにはこれに勝るものはない」ということが書かれています。

ウメの実は梅干しにしたり、梅酒にしたりしますが、独特の香りがあります。

これはウメの種子から発生するベンズアルデヒドの香りです。ウメの実は中央に大きなかたいタネらしきものがあります。しかし、これは内果皮といって、果実の一部です。そして内果皮を割ると出てくる、アーモンドのようなものがタネ（種子）です（図3）。この種子にはアミグダリンという成分が含まれていて、分解すると梅酒の香りのするベンズアルデヒド、猛毒な青酸、ブドウ糖を生じます。そのために大量の種子を食べると腸内で青酸が発生して中毒をすることがあります。でも普通は食べませんし、数粒食べた程度では心配はないでしょう。梅酒の場合、アミグダリンは長期間かけてゆっくり分解し、発生した青酸はガスとなって逃げているので心配はありません。逃げた青酸も薄すぎて中毒することはありません。

青ウメを食べると中毒をするという言い伝えがありますが、実際に中毒死をしたような例はありませんし、果肉にはアミグダリンはほとんどありません。

図1 梅林

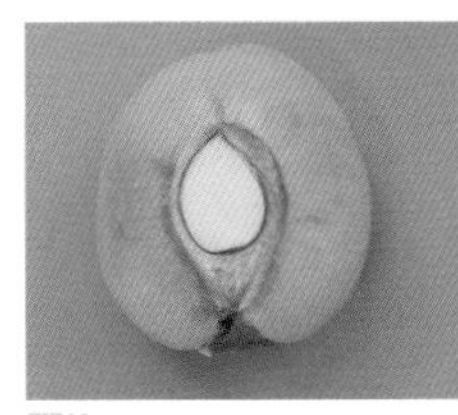

図3
ウメの実の断面（ls）
中央の白い部分が種子、それを包んでいる茶色の部分が内果皮

図2 ウメの花

【学名】 ウメ *Prunus mume* Siebold et Zucc.

【科名】 バラ科

【においの部位とにおいの成分】

花：酢酸ベンジル benzyl acetate（主成分）、
　　ベンズアルデヒ benzaldehyde、オイゲノール eugenol など。

種子：アミグダリンから生成するベンズアルデヒド。

【似た植物】

アンズ。花が似ていますが、花弁の外側の萼片が梅では花弁の方を向いていますが、アンズではそっくり返っています。

トピック

ウメはムメとも呼ばれた時期がありました。1756 年の与謝蕪村の俳句に「梅咲きぬどれがむめやらうめぢゃやら」というのがあります。ウメの学名をつけたのは長崎の出島に滞在したドイツ人のシーボルトです。彼はウメに *Prunus mume* という学名をつけました。おそらくまわりの日本人からムメという名前を聞いたのでしょう。

ウワミズザクラ

「サクラ」の名は木肌と葉が似ていることから

ウワミズザクラ（**図1**）は丘陵や山地の林の中に生える落葉高木です。でも、サクラといえば、ソメイヨシノに代表されるように、比較的に大きな白〜ピンクの花が咲くのに、ウワミズザクラは小さな白い花が穂になって咲き、実も小さく（**図2**）、サクラのイメージがありません。どうしてサクラという名前がついたかというと、木の肌がサクラそっくりで葉も似ているためです。植物学的にも両者は近縁で、話題のところに書いたように広義のサクラ属Prunusに分類されていた時代もあります。

名前の意味も難解です。花が下を向くから「上見ず」と思うところですが、下を向いていません。調べたところ、日本最古の歴史書、『古事記』（712）が出た頃の話で、鹿の骨の裏に溝を彫り、これをウワミズザクラ（当時の名前はハハカ）を燃やした火であぶり、熱で生じたひび割れの形や方向で吉凶を占ったのだそうです。そして裏溝（うらみぞ）→上溝（うわみぞ）→ウワミズに変化して現在の植物名になったのだそうです。

サクラの葉のにおいはクマリンですが、ウワミズザクラの葉を潰してにおうのは、梅酒や杏仁豆腐（あんにんどうふ）のにおいのベンズアルデヒドです。ベンズアルデヒドは広義のサクラ属のサクラ、ウメ、アンズ、モモ、ウワミズザクラなどの種子のにおいです。新潟県などではウワミズザクラの花弁が散ったばかりの若い果実を「杏仁子（あんにんご）」といい、塩漬けにして食べますが、ほのかに梅酒のような香りのする漬物です。

なお、クマリンもベンズアルデヒドも植物中では糖と結合した配糖体で存在し、揮発性がないのでにおいがしません。葉や種子を潰したり、焼酎や塩水に漬けたりすると細胞が死んで、配糖体と細胞中の別のところにある加水分解酵素が混ざり、糖がはずれてにおってきます。

ウワミズザクラによく似たイヌザクラ（**図3**）も山に生えていますが、かなり稀です。ウワミズザクラでは花穂の下部に数枚の葉がつきますが、イヌザクラでは葉がつかず、木の肌もサクラに似ていません。

昔はサクラ属*Prunus*は範囲が広く、多くの植物を含んでいました。最近ではこの広義のサクラ属*Prunus*を次ページのような属に分けています（トピック参照）。

図4　ウワミズザクラの果実
直径は8mm程度

図1　ウワミズザクラの花穂
花穂の下部に葉がある

図3　イヌザクラの花穂
花穂の下部に葉がない

図2　ウワミズザクラの果穂

【学名】

ウワミズザクラ

Padus grayana（Maxim.）C.K.Schneid（=*Prunus grayana* Maxim.）

イヌザクラ

Padus buergeriana（Miq.）T.T.Yü et T.C.Ku（= *Prunus buergeriana Miq.*）

【科名】　バラ科

【においの部位とにおいの成分】

破壊、塩漬けなどで細胞が死んだ葉、果実**（図４）**：

ベンズアルデヒド benzaldehyde

トピック

・スモモ属 *Prunus*：スモモ。　・アンズ属 *Armeniaca*：アンズ、ウメ。

・モモ属 *Amygdalus*：モモ、アーモンドなど。

・サクラ属 *Cerasus*：オオシマザクラ、ヒガンザクラ、ソメイヨシノなど。

・ウワミズザクラ属 *Padus*：ウワミズザクラ、イヌザクラなど。

・バクチノキ属 *Laurocerasus*：バクチノキ、セイヨウバクチノキ、リンボクなど。

ウンシュウミカン

生まれは中国の温州(うんしゅう)にあらず

ウンシュウミカンは高さ3mほどになる常緑の低木、あるいは小高木です。花は初夏に咲き、径約4cmの白色の5弁花です（**図1**）。果実は秋に実り、ややつぶれた球形で、径は8cm前後です（**図2**）。

皮をむきやすく、ふさが大きくて甘く、種子がないという優れもののミカンです。はじめはタネができないものを食べると子どもができず、家系が途絶えるという迷信から忌み嫌われていましたが、明治の中頃から盛んに食べられるようになりました。

ミカンを食べるときにむいて捨てている皮の部分には、よい香りがあります。この部分を陳皮(ちんぴ)といって、漢方で胸腹部の不快感を取り除くことを目的に使います（**図3**）。しかし、陳は古いという意味で、長く保存した古い皮のほうがよい薬とされています。長く保存をすれば精油は揮散するので、私は有効成分は精油以外だと思っていました。

1979年に木下武司先生が陳皮の水溶性部分からアルカロイドのシネフリンを取り出したという研究論文を読んだときはかなり興奮しました。シネフリンは胸の不快感をとるという効果があり、気管支拡張作用もあります。小児喘息によいという臨床医の話も説明できます。昔、キシュウミカンはウンシュウミカンより作用が強いといわれていましたが、確かに量ってみると、キシュウミカンはシネフリン含量が極めて多いことがわかりました。

ウンシュウミカンは漢字で温州蜜柑と書きます。ウンシュウミカンは江戸時代の後半に、中国浙江省のミカンの産地として有名な温州から渡来した種子をまいて育てたミカンという俗説があったことから、ウンシュウの名がつきました。ところがウンシュウミカンは中国には生えていない植物です。2010年代の遺伝子の研究で、ウンシュウミカンはキシュウミカン（コミカン）の雌とクネンボの雄の交雑により、日本で誕生した新種であることがわかりました。キシュウミカンは中国から伝わり、室町時代（15～16世紀）に紀州で盛んに栽培されたので、紀州の名がつきました。一方、クネンボは東南アジア原産で、日本には室町時代の後半に琉球を経て渡来しました。

図2　ウンシュウミカンの果実

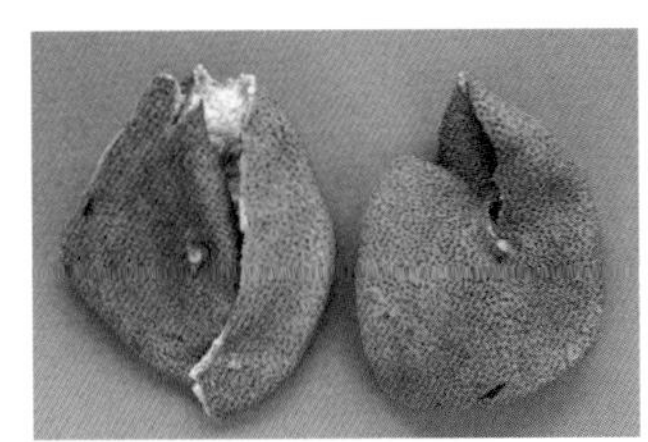

図3　生薬　陳皮

図1　ウンシュウミカンの花　（Is）

【学名】

ウンシュウミカン　*Citrus unshiu*（Swingle）Marcow.

【科名】　ミカン科

【においの部位とにおいの成分】

果皮：リモネン　limonene（90% 以上）

トピック

ミカン類の果実の構造：ミカン類の果実は皮（果皮）をむくと、中に 10 個前後のふさが出てきます。皮の外側の橙黄色部分（フラベド）は植物学的にいうと、外果皮で精油を含んだ多数の油室が見られ、内側の白い綿状の部分（アルベド）は中果皮です。ふさは瓤囊（じょうのう）といい、薄い内果皮に包まれており、ふさの中には果汁を含んだ小さな粒（砂瓤（さじょう））が詰まっています。

1973 年（昭和 48 年）の国民一人当たりの消費量は 23 kg だったそうです。その後、食の多様化もあって、最近は 6kg 程度です。

オオシマザクラ

「桜餅のにおい」の正体はクマリン

桜餅（**図1**）は餡(あん)を小麦粉あるいは蒸した米の粉で作った皮で包み、その外側を塩漬けにしたサクラの葉で包んだおなじみの和菓子です。享保2年（1717年）に山本新六という人が江戸向島の長命寺の門前で売ったことがはじまりといわれています。皮は小麦粉で作ります。これを関東風桜餅といいます。これに対して関西風は、皮に道明寺粉と呼ばれる蒸したもち米の粉を使います。

サクラの葉は生ではにおいがしませんが、つぶしたり、塩漬けにしたりして細胞が死ぬと、桜餅のにおいがしてきます。これはクマリンのにおいです。生のときはブドウ糖と結合していて揮発性がないのでにおいませんが、細胞が死ぬと別の場所にある加水分解酵素と混ざり、ブドウ糖が外れてにおってきます。桜餅に使うのはオオシマザクラの葉です。葉が大きく、両面に毛が生えていないので、皮を包むのに適しています。

オオシマザクラは伊豆諸島や伊豆半島南部に自生するサクラで、大きいものでは高さが15ｍほどになり、幹の直径も1～2ｍになります（**図2**）。花は葉が開くのと同時に咲き、普通は純白で直径が4～5㎝になります（**図3**）。葉は長さが10㎝前後、幅が5～8㎝ほどでやや厚く、両面無毛です。花が美しく、生長が早いので、観賞用として公園などに植えられ、昔は生長が早いことから薪炭材用に各地に植えられました。

桜餅用の葉の生産地は静岡県の西伊豆で、ここでは本来は大木になるオオシマザクラを桑畑のように小さく育て、初夏に葉を採集して塩漬けにします。塩漬けにして葉が死ぬとクマリンが生成されます。使うときは水にしばらく浸けて塩気を除きます。

桜餅のサクラの葉は食べるのでしょうか。私は若い頃、友人の家に遊びに行き、桜餅をごちそうになりました。葉を取らず全部食べたら、友人のお母さんは私のことを「馬みたいな人ね」と言ったそうです。葉も一緒に食べれば手が汚れないし、葉に残ったわずかな塩味が餡の甘い味を引き立てておいしいです。私は今でも馬みたいな人です。

図2 満開のオオシマザクラ

図3 オオシマザクラの花

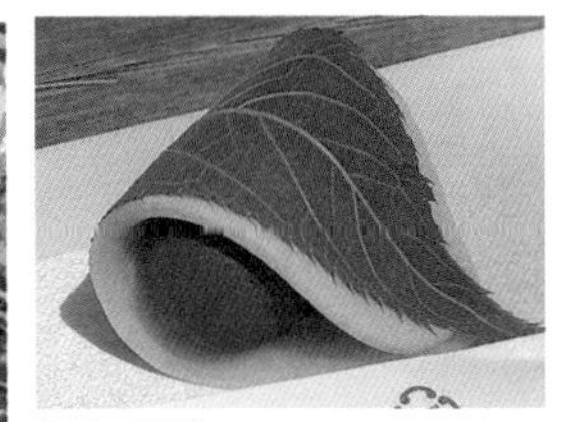

図1 桜餅

【学名】 オオシマザクラ

Cerasus speciosa（Koidz.）H.Ohba（=*Prunus speciosa*（Koidz.）Nakai）

【科名】 バラ科

【においの部位とにおいの成分】 葉：クマリン coumarin

【似た植物】

葉の展開と同時に白い花をつけるカスミザクラが、オオシマザクラの祖先という説があります。

トピック

ソメイヨシノ C. *×yedoensis*（Matsum.）Masam. et S.Suzuki 'Somei-yoshino'：江戸末期に江戸の染井村で見つかったサクラで本州に分布するエドヒガンとの雑種です。エドヒガンは長寿ですが、オオシマザクラの影響で寿命は80年くらいです。日本の各地に観賞用に植えられています。接ぎ木や挿し木で増やされているので性質は皆同じで，いっせいに花が咲くので花見向きです。

カワヅザクラ *C. ×kanzakura*（Makino）H.Ohba 'kawazu-zakura'：

伊豆半島の河津に植えられているサクラで、沖縄のカンヒザクラとの雑種です。

オミナエシ

生のオミナエシは無臭。しおれると足のにおい！

秋の七草のひとつ、オミナエシ（**図1**）は山里の草原、林縁、道端などの明るい場所に生える大型の多年草です。秋には高さが1mほどになり、枝の先が細かく分かれて、そこに小さな黄色い花を多数つけます。花は直径が4mmほどで先が5裂して平らに広がり、小さいながらよく整った美しい姿をしています。葉は対生し、長さ5～15cmほどで、羽状に深く切れ込んでいます。葉は明るい緑色、花は鮮黄色のきれいな野草です。

『万葉集』にはオミナエシを詠んだ歌が14首のっています。ほとんどがオミナエシを好きな女性にたとえた歌です。ところがこの可憐なオミナエシは生のときは無臭ですが、しおれたり傷ついたりしたときは、蒸れた足の裏のにおい、あるいは履きつぶした運動靴のにおいというような悪臭を発します。オミナエシを花瓶に挿しておくと、花瓶の水が臭くなることはよく知られています。これは細胞が死ぬと発生するイソ吉草酸によるものです。

オミナエシは女（オミナ）の飯（エシ）という意味で、当時の女性が食べていた粟（あわ）を炊いた黄色いご飯がオミナエシの小さな黄色い花に似ているからという説があります。平安時代になるとオミナエシは女郎花と書くようになりました。この頃の女郎は高貴な女性という意味ですが、江戸の中期から遊女を指すようになりました。ということですので、オミナエシは決して遊女の花ではありません。

オミナエシが生えているのと同じような場所に白い花をつけるオトコエシ（**図2**）も生えています。草丈はオミナエシより高くて葉も大きく、茎と葉には毛が多くて確かにオトコ的です。しおれると悪臭を発するのは同じです。

面白いのは、オトコエシは株元から地をはう茎を何本も出し、その先に子苗を作るのですが、オミナエシのほうはそのようなことはしません。オトコのほうが子どもを作るのです。オミナエシとオトコエシの混生している場所では両植物の雑種も見つかることがあります。オトコオミナエシといいます。オミナとオトコ、それも臭い仲なので雑種ができやすいのかも知れません。

図1 オミナエシ

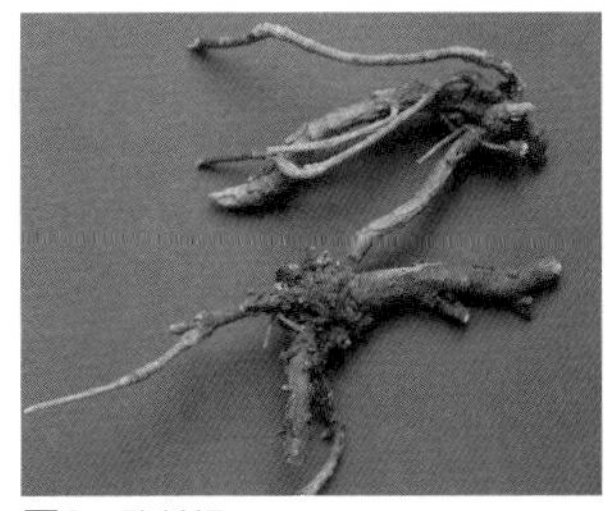

図3 敗醤根

図2 オトコエシ

【学名】

オミナエシ　*Patrinia scabiosifolia* Link

オトコエシ　*P. villosa*（Thunb.）Juss.

オトコオミナエシ　*P. x hybrida* Makino

【科名】　スイカズラ科

【においの部位とにおいの成分】

全草：イソ吉草酸　isovaleric acid

トピック

中国ではこの植物を敗醤（はいしょう）と書き、オミナエシの根は敗醤根（はいしょうこん）**（図3）**といいます。炎症を治し、化膿を止め、血流をよくする効果があります。

醤（日本では「ひしお」と読む）は、肉、魚、豆などを食塩とともに発酵させて作る調味料のことで、敗醤は醤が腐敗したにおいがするという意味です。中国の一部の省では苦菜と呼んでいます。この中国での発音はわかりませんが、日本人ならクサイと読むでしょう。まさにそのとおりです。

オランダイチゴ

イチゴの香り成分はなんと300種類！

オランダイチゴ（**図1**）はつる性の多年草で、茎は地をはって広がり、その先端に新しい株を作ります。葉は三出複葉です。花は4〜5月に咲き、白色の五弁花です（**図2**）。雄しべは20本あり、花の中央の花托には多数の雌しべがついています。夏になると、この花托が肥大し、赤、ときには白い「果実」になり、果物として食べます。しかしこれは偽果で、植物学的にいうと、本当の果実は雌しべの下部が膨れた種子のような粒々です。

オランダイチゴは学名に×印があるように雑種で、北米原産のバージニアイチゴと南米原産のチリイチゴをかけ合わせて、オランダで作出されました。江戸時代の末期に長崎にオランダ人によって伝えられたので、オランダイチゴの名前がつきました。その後もフランス、イギリス、アメリカなどからいろいろな品種が導入され、今では多くの品種が栽培されています。

オランダイチゴ属の植物は日本にも自生し、本州と屋久島にモリイチゴ（シロバナノヘビイチゴ）、北海道にエゾノクサイチゴ、本州の日本海側と北海道にノウゴウイチゴが生え、北海道にはヨーロッパ原産のエゾノヘビイチゴが帰化しています。いずれも食べられます。

オランダイチゴの偽果はいかにも果物らしいよい香りがありますが、その成分は300種以上の化合物です。しかも潰すと香りはどんどん変化します。イチゴと名のつく植物は、バラ科の次の4つの属にあります。

①オランダイチゴ属 Fragaria

②ヘビイチゴ属 Duchesnea

ヤブヘビイチゴ、ヘビイチゴ（**図3上**）。

③キジムシロ属 Potentilla

ヒメヘビイチゴ、オヘビイチゴ。

④キイチゴ属 Rubus

カジイチゴ、ナワシロイチゴ、モミジイチゴ（**図3下**）など、小さな果実が集まってキイチゴ状果といわれる集合果になります。

①、②、③は匍匐枝で広がる多年草です。④は大部分が低木です。花の色は①、④が白、②、③が黄色です。①、②は果時に花托が肥大して果実様になります。

図1 オランダイチゴ (Is)

図3
上:ヘビイチゴ
下:モミジイチゴ (Is)

図2 オランダイチゴの花 (Is)

【学名】

オランダイチゴ *Fragaria x ananassa*（Weston）Duchesne ex Rozier.（バージニアイチゴ *F. virginiana* Mill. とチリイチゴゴ *F.chiloensis*（L.）Mill. の雑種です）

【科名】 バラ科

【においの部位とにおいの成分】

偽果：多くの成分からなっていますが、新鮮なイチゴの香気の多くは酢酸エチル ethyl acetate、酪酸メチルおよびエチル methyl and ethyl butanoates、2-メチル酪酸メチルおよびエチル methyl and ethyl 2-methylbutanoates、酢酸ヘキシル hexyl acetate などの果物の香りのするエステル類です。また熟したイチゴの香気には 2,5- ジメチル -4- ヒドロキシ -3（2H）- フラノン 2,5-dimethyl-4-hydroxy-3（2H）-furanone が関与しています。

カキドオシ

香りのよいものはハーブティーに好適

公園や郊外の畑、道端、背の低い草地などにごく普通に見られる多年草です。春は茎が直立して高さ10～25cmくらいになります。葉は茎に対生し、ややつぶれたハート形で径は2～3cm、葉の周囲は凹凸があります。花は4～5月に咲き、葉の脇に1～3個がつきます。長さが15～25mmで花冠は5裂し、淡紅紫色で、下の裂片はやや大きく、紅紫色の斑点があります。

春の姿はかわいいのですが（**図1**）、夏になると急に伸び出し、茎が地面をはうように1m以上も伸び（**図2**）、垣根を通り越してとなりの家まで侵入するので、「垣通し」の名がつきました。茎の両側に並んでついている丸っこい葉を硬貨に見立てて、連銭草（れんせんそう）という名前もあります。

葉は精油を含んでいてもむと芳香があります。東北大学の研究で、芳香の原因はℓ-ピノカンフォンとのことです。ただ、香りの成分と量は株によって異なり、ほとんど香りのないものもあるようです。よい香りのカキドオシはハーブティーにするとおいしいそうです。

カキドオシは民間薬として糖尿病に有効とされています。また、古くは疳（かん）の虫（むし）（赤ちゃんの夜泣き、ひきつけなど）に効くとされ、カントリソウの別名があります。

ヨーロッパにはセイヨウカキドオシが生えています。カキドオシにそっくりですが、花がやや小さく、長さ15mm、葉の脇に2～5個つきます。ヨーロッパでは自宅やホテルの窓辺を、鉢植えやハンギングバスケットの花で飾っています。アパートを借りるときに、常に花を飾ることという条件がつくことがあると聞いたことがあります。私がスイスのマッターホルンのふもとの町、ツエルマットに行ったとき、家々の窓にはほとんど花が飾ってありました。花はペチュニアやゼラニウムが多いですが、垂れ下がる草としてセイヨウカキドオシがありました（**図3**）。

セイヨウカキドオシの葉ももむと香りがあり、リトアニアでの研究で精油成分が明らかになりました。でも、産地によって精油の組成は大きく変わります。

香りのよいものをハーブティーにしたり、若葉をサラダに混ぜるなどの使い方があり、血液浄化作用、強壮作用、利尿作用があるということで薬に使われます。

図2　夏のカキドオシ

図3　ツェルマットで見た窓辺の花
花はペチュニア、垂れ下がっている草がセイヨウカキドオシ

図1　春のカキドオシ

【学名】

カキドオシ　*Glechoma hederacea* L. subsp. *grandis*（A.Gray）H.Hara

セイヨウカキドオシ（＝コバノカキドオシ）

G. hederacea L.subsp. *hederacea*

【科名】　シソ科

【においの部位とにおいの成分】

葉：カキドオシはα, β - ピネン α, β -pinene、リモネン limonene、1,8- シネオール 1,8-cineol、リナロール linalool、メントール menthol、ℓ - メントン l-menthone、ℓ - ピノカンフォン l-pinocamphone、ℓ - プレゴン ℓ -pulegone、α - テルピネオール　α -terpineol など。

セイヨウカキドオシはゲルマクレン B,D germacrene B,D、β, γ, δ - エレメン　β, γ, δ -elemene、シス - β - オシメン *cis*- β -ocimene、ジヒドロピノカルボン dihydropinocarvone、フィトール phytol などで、産地によって精油の組成は大きく変わります。

カツラ

秋の落葉の季節にはカラメルの香り

カツラ（**図1**）は本来、深山の渓谷の近くなどに生える雌雄異株の落葉樹で、高さ30ｍ、直径２ｍにもなる大木です。山では稀な植物ですが、栽培は比較的に容易なので、雄大な姿や秋の黄葉を楽しむために庭木や並木に使われます。材木はきめが細かく、高級な家具材になります。版画の板や将棋盤などにも使われます。

葉（**図2**）は葉柄の付け根の部分が平らか内側に凹んだハート形で、秋には黄葉します。花は春に咲きますが、雄花は長さ５㎜ほどの多数の赤紫色の雄しべがあるだけ、雌花は長さ１.５㎝の緑色の雌しべが数個あるだけで、花弁も萼片もない、何とも単純な花です。

秋、葉を落としたカツラの並木の下を歩いているとなんだか懐かしい甘い香りがしてきます。子どもの頃、お祭の広場に漂っていた綿あめのにおいです。これは落葉したカツラの葉から出るマルトールという成分のにおいです。

マルトールは砂糖が焦げたときに発生する成分でもあり、綿あめのほか、砂糖で作ったカルメ焼きやカラメルのにおいでもあります。そのため、そのにおいを嗅ぐと砂糖を想像し、甘い香りと感じます。しかし、中には嫌う人がいます。その人によると「砂糖と醤油で煮た魚を食べたあとのゴミのにおい」だそうです。

元気な葉は無臭ですが、熱を加えて葉がしおれると、マルトールができてにおってきます。カツラの葉は草木染で絹や羊毛を黄褐色に染めます。草木染をしている女性が「葉を煮ていたらあまりにも甘い香りがしてきたので、煮汁をなめてみたけれど、甘くなかった」と笑っていました。

銀座の並木というと「昔恋しい銀座のヤナギ」という歌謡曲からヤナギを思い浮かべる人が多いようです。しかし、明治の初めはサクラやマツでしたが、自動車の排気ガスの影響かうまく育たずヤナギに代わりました。歌謡曲の影響もあって、ヤナギの並木は長く続きましたが、１９６８年にシャリンバイに代わりました。シャリンバイは常緑の低木ですので、生垣みたいです。２００４年に針葉樹のイチイの並木になりましたが、２０２１年のオリンピック・パラリンピックに合わせてカツラに代えることになり、現在は1～8丁目まですべてカツラになりました（**図3**）。

図1　紅葉したカツラ
群馬県の高原にて

図3　銀座のカツラ

図2　カツラの葉

【学名】 カツラ（桂） *Cercidiphyllum japonicum* Siebold et Zucc.

【科名】 カツラ科

【においの部位とにおいの成分】 しおれた葉：マルトール maltol

【似た植物】

本州中北部の高い山にはヒロハカツラが生えています。カツラによく似ていますが、葉が大きく、先がカツラより丸いなどの特徴があります。はじめはオオバカツラと名づけられましたが、どうも「大馬鹿面」みたいで語呂が悪いということでヒロハカツラになったそうです。

トピック

日本ではカツラを漢字で桂と書きますが、これは日本だけの習慣です。中国ではカツラは連香樹と書き、桂はシナモン類を指します。また、キンモクセイを指すことがあります。中国の観光地として有名な桂林市はキンモクセイが多いですし、桂花茶はキンモクセイの花をブレンドした飲み物です。

カノコソウ

蕾と花が作り出す鹿の子模様

カノコソウ（**図1**）は茎が直立し、高さ40～80㎝になる多年草で、葉は対生し、羽状に3～5裂し、それぞれの裂片には深い鋸歯があります。地下には、根茎とこれから出る多数の根があります。5月頃、茎頂に小さな花を多数つけます（**図2**）。花は下部は筒状で、長さは4～7㎜、上端が5裂して広がり、径が3～4㎜です。花の外側は紅紫色で、開花した上面は白から淡紅色です。多数の蕾の中に点々と咲く花が布地の鹿の子模様に似ているためにカノコソウという名前になったようです。地下には根茎とこれから出る多数の根があります。

北海道、本州、四国、九州のやや湿った草地に生えますが、乱獲されたためか、野生品を見ることは極めて稀です。高さが20～40㎝で茎が細く、花も径が2㎜前後と小さいツルカノコソウは山の木陰にまだ普通に見られますが、それでも最近はかなり減っているようです。地表につるを伸ばして繁殖するので、この名があります。この植物は薬にはしません。

カノコソウの地下部（根茎と根）を乾燥したものは、生薬として『日本薬局方』にカノコソウ、漢字名、吉草根の名でのっています（**図3**）。以前は本州でも作っていましたが、現在の生産地は北海道で、カノコソウの品種のエゾカノコソウを栽培して作り、北海吉草と呼んでいます。カノコソウは鎮静効果があり、ヒステリー、神経過敏症などの興奮時に飲みます。ただし、眠気を起こす心配がありますので、車の運転の前などは飲まないでください。

ヨーロッパから西アジアにはセイヨウカノコソウ（日本ではワレリアナともいう）が生えています。草丈は0.8～1.5mあり、葉は羽状に5～7裂し、裂片の幅は非常に狭いです。ヨーロッパでこの地下部を鎮静薬として使うことが日本に伝わり、日本でカノコソウを使うようになりました。セイヨウカノコソウの学名 *officinalis* は、「薬になる」という意味です。

図2 カノコソウの花序

図3 吉草根 (Is)

図1 カノコソウ (Is)

【学名】

カノコソウ *Valeriana fauriei* Briq.

エゾカノコソウ *V. fauriei* Briq. f. *yezoensis* (Kudô) H.Hara

セイヨウカノコソウ *V. officinalis* L.

【科名】 オミナエシ科

【においの部位とにおいの成分】

上記植物の地下部：植物により精油成分には違いがあるようですが、共通して次のような成分が含まれています。カンフェン camphene、α、β-ピネン α、β-pinene、ボルネオール borneolとその酢酸エステル、p-シメン p-cymene、ケッシルアルコール kessyl alcoho とその酢酸エステル。

トピック

夏毛の鹿の背中を見ると白い斑点がたくさんあります。小鹿とは限らず、大人の鹿にもあるのですが、このような模様を鹿の子模様といいます。昔は、布を染める前に布の一部を糸で厳しく縛り、染色液に浸けると、縛った部分は染色液が染み込まず、白いままでした。これを鹿の子絞りといい、非常に高価なものでした。

カミツレ（ドイツカミツレ）

リンゴを思わせる香り

カミツレ（図1）はヨーロッパ産の二年草で、日のあたるやや乾燥した土地に生えます。日本には、江戸時代にオランダから伝わりました。オランダ語の kamille をカミッレとしたものの、いつの間にか、「ッ」が「ツ」になり、カミツレになったものと思われます。最近ではカモミール、カモマイルと書かれることが多くなりました。また ローマカミツレと混同しないように、ドイツカミツレ（ジャーマンカモミール、ジャーマンカモマイル）とも呼ばれます。

秋に発芽し、翌年の初夏から夏に開花、やがて結実して枯れます。花は直径が2cmほどですが、これはたくさんの花が集まった頭花（とうか）です。中央の盛り上がった部分には筒状になった小さな黄色い花が集まり、まわりを白い舌状花が囲んでいます。この頭花は精油を含んでいて、リンゴのような香りがあります。学名の Chamomilla はギリシャ語の chamai（低い）＋ melon（リンゴ）に由来し、低いところにあるリンゴという意味です。

ヨーロッパでは身近な薬草として生活に取り入れられ、風邪の初期や胃腸炎に煎じて飲んだり、抗炎症作用があることから、うがい薬や皮膚疾患用の薬湯にしたりします。

よく似た植物にローマカミツレ（図2）があります。これもヨーロッパに生え、花の形や大きさ、草丈などもカミツレに似ています。しかし、キク科であることは一緒ですが、全く違う植物です。区別法ですが、頭花を縦に裂いてみます。カミツレは内部が空洞なのにローマのほうは中が詰まっています（図3）。

カミツレが二年草なのに対してローマカミツレは多年草で、一度植えれば毎年枝を伸ばして花をつけます。頭花だけ香るカミツレと異なり、茎葉にもリンゴのにおいがします。踏みつけに強く、庭一面に植え、芝生の管理と同じようにときどき伸びすぎた茎を刈り取ると、歩くとリンゴの香りのする芝生のような庭ができます。ただ、高温多湿に弱いので、暑い日本の南部では無理かと思います。

地上部を煎じたものは苦いですが、鎮静作用や抗炎症作用があります。通経作用もあり、月経困難症に使われますが、一方で、妊婦は飲んではいけません。

図1 カミツレ

図3
カミツレ（左）とローマカミツレ（右）
カミツレは頭花の中が空洞

図2 ローマカミツレ

【学名】

カミツレ、ドイツカミツレ *Matricaria chamomilla* L（=*M. recutita* L..）

ローマカミツレ *Chamaemelum nobile*（L.）All.

【科名】 キク科

【別名】英名：カミツレ German chamomile、

ローマカミツレ Roman chamomile

【においの部位とにおいの成分】

・カミツレ 頭花：ビサボロールオキシド A,B bisabolol oxide A,B、β - ファルネセン β -farnesene、カマズレン chamazulene など。

・ローマカミツレ 地上部全草：アンゲリカ酸イソブチル isobutyl angelate、アンゲリカ酸イソアミル isoamyl angelate など。これらの成分はリンゴ様の香気があります。

トピック

カミツレの精油は濃い青色です。頭花に含まれる無色のマトリシンという成分が精油を水蒸気蒸留で採る際、水と熱の作用で青いカマズレンに変わるためです。

カリン

蜂蜜漬け、シロップ漬けで香りを楽しむ

カリン（花梨）は中国原産の落葉高木で、日本では庭木として植えられています。高さは5～10ｍになり、木の幹の樹皮はところどころ外側が剥がれ落ちて、まだらになっています。花は4～5月に咲き、淡紅色の5枚の花弁からなり、径は約３cmです。

果実は11月頃に熟し、倒卵円形、あるいはだ円形で長さが7～15cm、外面は黄色で無毛、やや光沢があります。1果の重さは３００～５００ｇほどです。青空の下で大きな黄色い果実が多数ついている様子は、秋にふさわしい風景です**（図1）**。果実は心地よい芳香があり、室内に置いておくだけで香りを楽しめます。また、布で包んでおくと、しばらくよい香りのする布になります。

その香りを生かして果実酒の原料になります。熟した果実をよく洗い、厚さ1cmくらいの輪切りにします。種子も一緒に使います。１kgを果実酒用の35度のホワイトリカー１.８ℓに漬けて、砂糖を２００ｇほど加え、蓋をして冷暗所に置いておきます。１か月で飲めますが、できれば1年くらいおきます。咳止め、疲労回復の効果があるとされています。カリンの輪切りを蜂蜜や多めの砂糖（少ないとカビが生える）に漬けこんだ、カリン蜂蜜、カリンシロップなら薄めて子どもでも飲めます。果実を乾燥したものはよい香りはしませんが、木瓜（もっか）という生薬名で、咳、むくみ、こむら返りなどに使います。果肉はゴリゴリした食感で、酸味と渋味があるため、生食はできません。

ヨーロッパではカリンと似た植物のマルメロ（ポルトガル語で marmelo）が栽培されています。この果実もよい香りがしますが、生食には向かず、果実酒やジャムに使われます。果実の表面に短い毛が一面に生えているので、無毛のカリンと区別がつきます**（図2）**。また、花はカリンと異なり、濃い紅色です。

マルメロはカリンに似ているので日本名はセイヨウカリンですが、学名は逆扱いです。学名の項に書いたようにマルメロの属名は *Cydonia* ですが、カリンの属名は *Pseudocydonia* です。Pseudo は「偽の（にせの）」という意味で、学名上はカリンはマルメロの偽物です。

図1 青空の下のカリンの実
東京都八王子市にて

図2 マルメロ
イタリア、サルデーニャ島にて

図3 カリン（左）とボケ（右）の果実

【学名】

カリン

Pseudocydonia sinensis（Thouin）C.K.Schneid.（= *Chaenomeles sinensis*（Thouin）Koehne）

マルメロ（セイヨウカリン） *Cydonia oblonga* Mill.

【科名】 バラ科

【においの部位とにおいの成分】

カリンの果実：イソ酪酸エチル ethyl isobutyrate、
クロトン酸エチル ethyl crotonate、
2- メチル酪酸エチル ethyl 2-methylbutyrate、β - ヨノン β -ionone、
γ - デカラクトン γ -decalactone など。

【似た植物】

カリンと同属の植物にボケ *Chaenomeles. speciosa* Nakai があります。ボケも中国原産で、日本では花木として庭に植えられています。カリンよりぐんと小型で、木の高さは 3 mほどです。果実も小さく、長さが4～7cm で外面は黄色または黄緑色で無毛、芳香があります **(図 3)**。

キク

交配が容易で品種が膨大

キクを知らない人はいないと思います。ただ、数ある「○○ギク」と呼ばれるキク科植物の中で、どれが「キク」なのか迷ってしまう人も多いでしょう。何だかずるい書き方ですが、花壇で観賞用にキクとして植えられている植物（**図1**）、花屋でキクの名で売られている植物がキクです。

実はキクは中国で1500年ほど前に、いくつかのキクの仲間（キク属植物）を交配して作った雑種を品種改良したものです。日本には平安時代の初期に、中国から渡来したようです。園芸が盛んであった江戸時代に品種改良が進み、多くの品種が登場しました。他のキクの仲間と区別をするために、「イエギク」ともいいます。花（頭花。**図2**）の大きさでは径が18cm以上の大菊、9cm以上の中菊、9cm以下の小菊があります。頭花の形では、幅の広い舌状花が皿のように平らに広がった一文字、中華まんじゅうのように盛り上がった厚物、厚物の下部の花が垂れ下がった厚走り、花が細い管になった管物、独特な頭花の形から名前がついた嵯峨菊、伊勢菊、肥後菊などがあります。花の色は白、黄、赤紫、赤橙色などです。品種の数は極めて多く、『園芸植物大辞典 2』（1988 小学館）には大菊だけでも400に近い品種がのっています。

なぜ、このように多数の品種ができたかというと、キクは容易に交配されて雑種を作る性質があることと、「葉挿し」といって葉を土に挿しておくと、そこから芽が出て同じ性質の株になるからです。多数のイエギクを展示した菊花展で、花を観賞しながら下のほうの葉をつまんで持ち帰り、家で育てる悪い人もいるそうです。

日本の医薬品の基準書である『日本薬局方』には菊花（キクカ、キッカ）が生薬としてのっています。これはキク（イエギク）またはシマカンギク（**図3**）の頭花を乾燥させたものです。シマカンギクは本州の関西以西、九州の日のあたる林縁に生える高さ30〜80cmになる野生のキクで、中国にも自生しており、イエギクの親のひとつになっています。頭花は黄色ですが、白いシロバナハマカンギクという変種もあります。

菊花は各種の細菌に対する抗菌作用、心臓の血管の血流増加、高血圧に有効なことなどがわかっています。

図3　シマカンギク

図1　キク

図4　カントウタンポポ

図2　キクの頭花
中央に筒状花、そのまわりに舌状花、さらにその外側に緑色の総苞がある

【学名】

キク（イエギク）　*Chrysanthemum morifolium* Ramatullr（=*Dendranthema morifolium*（Ramat.）Tzveley

シマカンギク　*C. indicum* L.（= *D. indicum*（L.）Des Moulins）

【科名】　キク科

【においの部位とにおいの成分】

頭花：樟脳　camphor、酢酸ボルニル　bornyl acetate、サビネン sabinene など。なお、茎葉にも精油は含まれます。

トピック

キクの花に見えるものは頭花といって、先端が平たく広がった茎の上面にたくさんの花がついたものです。**図２**に見るように、頭花の中心には筒状になった花（筒状花）が多数つき、まわりを平たく、花弁状に見える舌状花が囲んでいます。さらにその外側には萼を思わせる緑色の総苞片があり、ひとつの花のようです。これはキク科の中のキク亜科の頭花で、もうひとつの亜科のタンポポ亜科（タンポポ。**図4**)、レタスなど）には筒状花はありません。

キュウリ

剪定（せんてい）次第で、１株で１００個の実がなる！

キュウリはつる性の一年草で、茎は地面をはい、あるいは巻きひげが他物にからんで上へ上へと伸びていきます。葉は茎に互生し、葉身は長さ、幅とも10～15cmあり、手のひら状で浅く3～5裂をしています。葉も茎も毛が生えています。花冠は黄色く、先が五裂して広がり、径が4cmほどになります。雌雄同株で、ひとつの株に雄花**（図1）**と雌花が咲きます。雌花は将来キュウリの果実になる部分が花の基部に見られます**（図2）**。

巻きひげは1本の細いひものようですが、葉が変形したものです。巻きひげの先端が木の枝など、他物に触れるとそこに巻きついて固定します。次に巻きひげがらせん状に巻いて縮み、キュウリのつるを巻きついたものに近づけます。らせん状になった巻きひげを見ると、中央あたりから左右で巻く方向が逆になっているのがわかります。こうしてキュウリの茎は固定されます。

キュウリはヒマラヤ山系原産の植物で、日本にはすでに6世紀に中国から伝えられました。その頃は黄色く熟した果実を食べましたが、苦味が強くて味が悪く、あまり流行らなかったようです。その後、新しい品種の導入や品種改良で苦味がなく、大量の水分を含んで、食べたときの感じもいい、未熟な果実が、江戸時代後期から盛んに食べられるようになったそうです。

ある栽培家の話ですと、高さ２ｍほどのフェンスを張って、そこにキュウリを植えてフェンスを登らせ、手の届く高さの２ｍほどのところで先を切り、下のほうに出る小枝も、実がつくとその上で切ります。小枝から出た孫枝も同様に実がつくとその上で切り、さらに下のほうで伸びた長いつるも、フェンスにからませて同様な処理をすると、1株のキュウリで１００個の実が取れるそうです。

食用にする緑色の若い果実**（図3）**も植物名と同じキュウリと呼んでいます。

キュウリは中国で黄瓜あるいは胡瓜と書きます。黄瓜は熟した果実の色からついた名前、胡瓜は中国の西にあるとされる、胡という国から来たウリという意味です。日本語のキュウリはこれらの言葉から作られました。

図3　キュウリの果実　（Is）

図1　キュウリの雄花　（Is）

図2　キュウリの雌花　（Is）
花の左側にすでに小さな果実がいている

【学名】

キュウリ　*Cucumis sativus* L.

【科名】　ウリ科

【においの部位とにおいの成分】

未熟な果実：2,6-ノナジエナール 2,6-nonadienal、3,6-ノナジエナール 3,6-nonadienal。これらはキュウリアルデヒドとも呼ばれる炭素9個の鎖状アルデヒドです。

トピック

食用にするキュウリは95%が水分です。キュウリ独特の青臭いにおいがします。栄養成分としてはカリウムが多いです。カリウムは利尿作用があり、むくみを防ぎます。また皮膚や髪の健康に役立つβ-カロテンが100gあたり330μg含まれています。キュウリはあの青臭さが苦手で食べる気がしないという人も多いです。キュウリに塩をつけてこすったあと、熱湯をかけるとか、カットしたキュウリを1分ほどゆでるなどで、においは弱くなるそうです。

キュウリグサ

道端からきゅうりのにおい!?

アジアの温帯に広く分布し、日本では全国の畑のまわりや道端に生える一年草で、根際から長さ10~30cmほどの数本の枝を出して四方に広がっています（**図1**）。葉はほぼ円形で長さ2cm前後、全面に短い毛が生えています。花は4~5月に咲き、花冠の先が丸みを帯びた5つの裂片からなり、淡青紫色で基部は黄色く膨らんでいます（**図2**）。

その姿はワスレナグサの花に似ています。ところが、ごく普通に見られる植物なのに、この植物を知っているとか、この花を見たという人はほとんどいません。それは花があまりにも小さいからです。ワスレナグサの花は径が8mmほどなのにキュウリグサは2mm程度です。そのために歩いている横に他の草に混ざって生えていても、気がつかずに通り過ぎてしまいます。舗装道路の割れ目など、この草だけが生えている場所もありますが、それでも地味で注目されません。

でもよく見てください。花はとても可憐（かれん）です。茎の先がカタツムリの殻のように渦を巻き、そこにたくさんの蕾がついています。渦の外側から順に開き、蕾がちょうど真上に来ると花を開きます（**図3**）。茎はこうして真っ直ぐになり、果実は真っ直ぐな茎についています。

キュウリグサという名前は、茎や葉をもむとキュウリのにおいがするためです。私も試してみましたが、確かにそのとおりです。『中国植物誌』という本に若葉は食用にすると書いてあったので、ついでにイヌがおしっこをしそうな場所に生えていたのでちょっと躊躇（ちゅうちょ）はしたのですが、どんな味か食べてみました。少しごわごわで、泥がついていたのかじゃりじゃりしたので吐き出しました。

このにおいの成分はキュウリアルデヒドと呼ばれる炭素9個のアルデヒドでキュウリのにおいの成分と全く同じです。

中国ではこの植物を附地菜といい、全草を薬草として使い、身体を温め、胃を強くし、はれを治して痛みを止め、止血作用があるとされています。でもあまり重要な薬草ではないようです。

図1 キュウリグサ

図3 キュウリグサの花穂
カタツムリの殻のように巻いている

図2 キュウリグサの花

【学名】

キュウリグサ *Trigonotis peduncularis* Benth.

【科名】 ムラサキ科

【別名】 タビラコ ただし、黄色い花の咲くキク科の植物にタビラコがあり、一般にはこちらのほうを指すので注意をしてください。

【においの部位とにおいの成分】

茎葉：キュウリアルデヒドと呼ばれる 2,6- ノナジエナール 2,6-nonadienal、3,6- ノナジエナール 3,6-nonadienal。

【似た植物】

ハナイバナ *Bothriospermum zeylanicum*（J.Jacq.）Druce キュウリグサと同じムラサキ科でよく似ており、キュウリグサほど量は多くはありませんが、同じような場所に生える植物です。違いはキュウリグサの花穂がカタツムリの殻のように巻いているのにそうはならないこと、花冠の基部の膨らみが白いこと、葉にしわがあることなどです。ハナイバナにもキュウリグサのようなキュウリのにおいがあるそうです。

キンモクセイ

秋のおとずれにこの香りは欠かせない

10月の初めに道を歩いていると、どこからともなく甘くすがすがしい香りが漂ってきます。香りの源を探ってみると、公園や民家の庭に植えられているキンモクセイが花をつけているのが見つかります。キンモクセイは香りで本格的な秋が来たことを教えてくれる植物です。

キンモクセイ（**図1**）は、中国原産で日本には江戸時代に渡来したとされています。高さ3〜4mほどになる常緑樹で庭木や垣根に使われています。葉は対生し、長さ10cmほどのだ円形で、ややかたく、上面は濃緑色で光沢があります。花は枝の上部の葉腋に多数つき、直径が5mmほどで先が4裂し、色は橙色（だいだい）です。雌雄異株の植物ですが、日本に渡来したのは花つきのよい雄株で、これを挿し木で増やしたので、日本のキンモクセイは雄ばかりです。

夕方によくにおうのは、夜に活躍する昆虫に受粉を手伝ってもらうためと思いますが、雌株がないので意味がありません。強い香りなのに、水蒸気蒸留して得られるほどの精油は含まれず、花を石油エーテルなどで抽出し、それを濃縮後、一緒に含まれている脂肪を除くためにエタノールで抽出するという方法で、においの成分を取り出しています。でも手数はかかるし、採れる量はわずかです。実用のキンモクセイの香りには他の植物から採ったにおいの成分を組み合わせて作っています。

キンモクセイの花を使ったものには、桂花茶や桂花陳酒があります。桂花茶はキンモクセイの花とウーロン茶を混ぜて作り、桂花陳酒は白ワインにキンモクセイの花を浸けて作ります。なお、花は枝先に咲いているのを採って使うだけでなく、樹の下にシートを広げて落ちてきた花を集めて使ってもいいようです。

キンモクセイは漢字では金木犀と書きます。犀はあの大きな動物、サイのことで、金木犀の意味は金色の花が咲き、幹がサイの足に似ているからだそうです。近所に植えられている大きなキンモクセイを見に行きました。幹はつやのない灰色でした。でもサイは動物園で何回か見たものの足の様子など記憶になく、イメージが湧きませんでした。キンモクセイのあの花とふくよかな香りとはほど遠い意味なので、語源を知らないほうがよいかもしれません。

図2 ギンモクセイ

図3 ヒイラギ
葉のまわりは鋭くとがっている

図1 キンモクセイ

【学名】 キンモクセイ（金木犀）

Osmanthus fragrans Lour. var. *aurantiacus* Makino

【科名】 モクセイ科

【別名】 中国では木犀のほか、桂、丹桂、桂花など、桂という名前が使われています（桂と呼ばれる植物についてはカツラの項参照）。

【においの部位とにおいの成分】

花：においの成分はγ-デカラクトン γ-decalactone、リナロール linalool、α, β-ヨノン α, β-ionone など。

【似た植物】

キンモクセイに近い仲間に中国原産のギンモクセイ（銀木犀）*O. fragrans* Lour. var. *fragrans*（**図2**）、ウスギモクセイ（薄黄木犀）*O. fragrans* Lour. var. *aurantiacus* Makino f. *thunbergii*（Makino）T.Yamaz. があります。名前のとおり花の色が違います。香りはキンモクセイほど強くありません。関東地方～沖縄にはヒイラギ *O. heterophyllus*（G.Don）P.S.Green（**図3**）が自生しています。花は白で香りがあります。若木の葉はまわりに鋭くとがった突起がありますが、老木にはありません。ヒイラギとギンモクセイの雑種をヒイラギモクセイといいます。

クズ

嫌われものの雑草でも、根は極めて有用

日本各地に見られるつる性の植物で、中国や朝鮮半島にも分布しています。草として扱われていますが、茎の基部はフジのように木質化しています。つるは10mも伸び、草原や林を覆うので、農家や林業家に嫌われる強雑草です**（図1）**。

葉は3枚の小葉からなります。この小葉は太陽の光の強さに感じて動きます。すなわち夜は3小葉が下に垂れ下がり、適度な強さの光のときは平らに開いて盛んに光合成を行い、強い光になると、まず真ん中の小葉が立ち、次に両側の小葉が真ん中の小葉を挟むようにして立ち上がります。夏の晴れた昼間はすべての小葉が立ち上がり、白っぽい裏を見せています。そのために「恨み葛の葉」という言葉が生まれました。

繁殖力が強くて嫌われもののクズですが、実は利用価値の非常に高い植物です。葉は家畜の餌になります。太くて長さが1.5mにもなる根は葛根（かっこん）という生薬になり**（図2）**、漢方で風邪の初期などに使う葛根湯（かっこんとう）の主薬になっています。また、根を水の中でたたくと、でんぷんが出てきます。これを集めたものがくずでんぷん（葛粉（くずこ））で、くず餅、くず切りの原料になります。

現在ではでんぷんの原料はジャガイモやトウモロコシなどですが、今でもクズから昔の技法ででんぷんを採っているところが奈良県にあり、吉野葛の名で売られています。茎の皮から採った繊維で作った布は葛布（くずふ）といい、昔は盛んに使われていました。

クズは秋の七草のひとつですが、早いものでは7月に花をつけます**（図3）**。花の色は赤紫色です。この花は葛花（かっか）とよばれ、二日酔いに効くといわれています。

薬草観察会でクズの説明をしているとき、参加していた若い女性が「あ、この花『ファンタグレープ』のにおいがする」と言っていました。確かにそうなのです。しかも花の色も同じです。ぜひにおいを嗅いでみてください。

図1 空き地に生えたクズ

図3 クズの花穂
下から順に開花する

図2 葛根
1辺が5mmほどに刻んである

【学名】

クズ *Pueraria lobata*（Willd.）Ohwi = *P. hirsuta*（Thunb.）Matsum.

【科名】 マメ科 **【別名】** 英名：kudzu（発音はカズに近い）

【においの部位とにおいの成分】

新鮮な花：オイゲノール eugenol、リナロール linalool、
安息香酸メチル methyl benzoate など。

トピック

クズは荒地でもよく育ち、地面を覆って土砂の流出を防ぎ、家畜の餌になります。飢饉のときはでんぷんの原料になります。このことから 1933 年に始まったアメリカのテネシー川流域の総合開発では、クズが盛んに植えられました。住民はクズに感謝し、毎年クズフェスティバルが開かれ、クズの女王が選ばれる有様でした。しかし、そのすごい繁殖力で、クズはその後アメリカ東南部の森林を覆うようになりました。電力会社は送電線にからむクズの除去に、多額の費用を要しました。助成金まで出して栽培を奨励したクズも、今では有害雑草に指定されています。インターネットで kudzu で検索をすると、その被害状況の写真が多数出てきます。

クスノキとホウショウ

クスノキ（漢字で樟。楠という字も使われるが、これは同じ科のタブノキを指す）は、本州の関東以南から四国、九州に生育する常緑高木です。枝や葉から樟脳が採れることから、昔から栽培されてきました。また、常緑なので冬も美しく、夏は日陰になるので庭に植えられ、並木にもなっています（**図1**）。長寿で高さ30mにもなる立派な樹形のため、神寺の神木や天然記念物になっている大木もあります。国外では、台湾や中国の揚子江南部に生えています。

ところが日本の九州までと台湾に生えていながら、その間にある沖縄には野生らしいクスノキは見られないそうです。そのようなことから本州から九州までのクスノキも本来の野生種ではなく、その昔にどこからか持ち込まれて栽培されたものではないかという説もあります。

クスノキの葉は長さ6〜10cmの卵形からだ円形で無毛、上面は濃緑色で光沢があります。葉脈は葉の中央に1本あり、その基部で両側に1本ずつ出て3本の脈が目立ちます（**図2**）。葉、枝、幹、根を水蒸気蒸留すると精油が得られます。精油には樟脳が大量に含まれており、冷やすと精油の約半分が樟脳の結晶になります。樟脳はタンスの防虫剤や、皮膚のかゆみやはれ用の塗り薬に使われましたが、最大の用途はセルロイドの材料でした。今では透明で水をはじき、いろいろな形に成型できるプラスチックがいくらでもありますが、昔はなく、19世紀の中ごろに発明されたセルロイドが唯一でした。セルロイドは樟脳と合成品のニトロセルロースを混ぜて作られます。

クスノキの精油はたんすの虫除けでおなじみ

クスノキの変種にホウショウ（芳樟）があります（**図3・4**）。台湾と中国南東部に生える木で、リナロールを主成分として樟脳の含量が少ないことから、昔は樟脳製造のときに混ざると困ると、嫌われものの木でした。ところが樟脳が合成でき、セルロイドが不要になると、芳香があり、香料となるホウショウが、今では大切な木になっています。

日本の神社などにある大木はクスノキですが、近年に植えられた公園や並木のクスノキには意外とホウショウが混ざっています。葉が少し小さく、縁が波を打っている株を見つけたら、葉をちぎってにおいを嗅いでみてください。かぐわしい香りがします。

図2 クスノキの葉
基部から出る3脈が特徴

図1 クスノキの並木

図3 ホウショウ

図4 クスノキ(左)とホウショウ(右)の葉と芽
ホウショウの方が小型で縁が波を打っている

【学名】

クスノキ *Cinnamomum camphora*(L.)Presl

ホウショウ *C. camphora*(L.)Presl f. *linaloolifera* (Fujita) Sugim.

【科名】 クスノキ科

【においの部位とにおいの成分】

クスノキ 葉、その他:樟脳 d-camphor(約 70%)。

その他、α, βピネン α, β -pinene、カンフェン camphene、

ボルネオール borneol など。

ホウショウ 葉、その他:リナロール linalool(75-90%)。その他の成分はクスノキと似ています。

トピック

樟脳とナフタリンは、どちらも結晶から液体状態を経ないで虫の嫌う蒸気になるので、着物を汚しません。ところが樟脳は不純物が混ざるとすぐ液化する性質があるために、両者を同時に使うとナフタリンの蒸気が樟脳に染み込んで、樟脳が液化をして着物を汚します。同じたんすに両者を同時に使うことはできません。

クソニンジン

コロナウイルスへの効果が期待されたが……

高さ1.5mほどのヨモギの仲間です（図1）。世界に広く分布をする一年草で、日本でも道端や空き地などに生えています。頭花は径が1.5㎜ほどです（図2）。葉がニンジンの葉のように細かく切れ込んでいることからニンジンと呼ばれています。葉の最終裂片の幅は約0.3㎜です（図3）。葉は決して悪臭ではないのですが、強いにおいがあり、これが嫌われたのでしょう、クソニンジンという名前になりました。

私の若い頃、大学の研究室で、植物の成分が他の植物の生長に与える影響を、コマツナの芽生えを使って調べていました。そうしたらクソニンジンの煮汁がコマツナの生長を著しく抑えることがわかりました。そこで大量のクソニンジンを採集し、成分研究をはじめました。研究室ではいちいちクソニンジンとは呼ばず単にクソと呼んでいました。「クソは刻んでから干してくれよ」「おい、クソの抽出はどこまで進んだ」といった調子です。ある日、皆で食事に行くためにエレベーターに乗りました。我々の衣服にはほのかにクソニンジンのにおいがしみ込んでいます。エレベーターに乗り合わせた別の研究室の先生がそのにおいに気がつき「あら、このにおい何かしら」と言ったとき、当研究室の可憐な女子学生が平然と「あ、これクソのにおいです」と答えていました。そのときの先生の驚いた顔が忘れられません。

ちょうどこの頃、中国でクソニンジンからマラリアに効く成分が取れて、話題になりました。ベトナム戦争で多数のマラリア感染者が出たために、中国人民解放軍が大規模な調査をして、クソニンジンが有効とわかりました。研究の結果、アルテミシニン（中国名：青蒿素）という有効成分が見つかりました。また、この成分は重症な呼吸器疾患の原因となる、サーズ、コロナウイルスにも有効なことがわかりました。

2020年にはアメリカのコロンビア大学など3大学の研究者により、クソニンジンの葉の熱湯抽出液が、新型コロナウイルス（COVID－19）に対して抗ウイルス活性があると発表しました。しかし、その後クソニンジンはどこもコロナ対策に使われず、実効性はないようです。

図2 クソニンジンの頭花

図3 クソニンジンの葉

図1 クソニンジン

【学名】 クソニンジン *Artemisia annua* L.

【科名】 キク科

【別名】 中国名：黄花蒿／英名：Sweet amie（甘いよい香りのアニーさん）

【においの部位とにおいの成分】

全草：精油 0.3%、アルテミシアケトン artemisia ketone、
カリオフィレン caryophyllene、1,8- シネオール 1,8-cineole、
α、β - ピネン α、β -pinene、カンフェン camphene など。

【似た植物】

クソニンジンと近縁の植物にカワラニンジン *A. carvifolia* Buch.-Ham. があります。頭花は径が5～6mm で、葉はにおいがなく、クソニンジンより切れ込みが浅く、最終裂片の幅は 1.5 ～2mm などの差があります。名前のとおり、河原によく生えています。この植物の中国名は青蒿（セイコウ）です。クソニンジンの中国名は黄花蒿（オウカコウ）ですが、乾燥した生薬の名前は青蒿ですので、混乱しないように注意をしてください。

クチナシ

香りよく、生育環境を選ばない優秀な庭木

クチナシの仲間（アカネ科クチナシ属植物）は主にアジアの熱帯から亜熱帯にかけて250種が分布をし、日本にはクチナシと小笠原諸島にオガサワラクチナシが自生しています。クチナシの名は、果実が熟してもどこにも種子が出る口がないところからつきました。

クチナシ（**図1**）は庭木として広く栽培されるほか、本州の静岡県以西、四国、九州、沖縄の林縁に野生しています。台湾、中国南部にも見られます。常緑の低木で高さは1〜2mになります。日向から日陰まで、場所を選ばずよく育ち、樹形は刈り込まなくても整っており、花は純白で芳香があるなど、なかなか優れた庭木です。病虫害にも強いのですが、オオスカシバという蛾の幼虫には参ります。長さ6cmほどになる食欲旺盛な芋虫で、気がつかないと数日で木が丸裸になります。

花は6〜7月に咲き、花冠の先は普通6片、ときに5または7片に分かれて広がり、栽培のクチナシでは直径は6〜7cmです。これに対して野生のクチナシは花の径が5〜6cmとやや小さく、これをコリンクチナシと呼びます。栽培品には八重咲もありますが、これには果実はできません。

花の芳香成分の研究は1902年にParoneによってはじめて行われ、酢酸ベンジル、酢酸メチルフェニルカルビノールなどが報告されています。最近では130の成分が明らかになっています。その優れた香気のために、香水原料として抽出の試みがされましたが、精油の収量は花の0.015〜0.07%で、とても採算が取れません。現在ではクチナシに似せて、いろいろな香気成分を混ぜた調合香料が使われています。

果実は橙黄色に熟し、だ円体で長さ2.5〜3cmです（**図2**）。ところが5cmほどになる種類もあります（**図3**）。果実は山梔子（さんしし）といい、クロシンcrocinという黄色い色素を含んでいます。たくわんや栗きんとんの着色に使われるほか、ゲニポサイドgeniposideによる胆汁分泌促進作用、胃液分泌促進作用などの各種の薬理作用があるために、漢方薬に使われます。

図2 クチナシの果実

図3 長い実のつくクチナシ

図1 クチナシ

【学名】

クチナシ *Gardenia jasminoides* Ellis

果実の長いものは *G. jasminoides* forma *longicarpa* Z.W.Xie et Okada

【科名】 アカネ科

【においの部位とにおいの成分】

花：酢酸ベンジル benzyl acetate、

酢酸メチルフェニルカルビニール methylphenylcarbinyl acetate、

リナロール linalool、酢酸リナリル linalyl acetate など

トピック

生薬は果実の長さで山梔子と水梔子に分けることがあります。長さ2～3㎝のものを山梔子、長さ3～7㎝のものを水梔子といいます。どちらも中国から輸入されました。山梔子は湖南省・湖北省・江西省周辺で生産され，水梔子はそれより東側の東シナ海に面した福建省・浙江省・広東省・広西壮族自治区や台湾で生産されています。山梔子は主に医薬として用い、水梔子は食品等の着色に用います。ただ、『日本薬局方』は長さ１～5㎝のものを山梔子といい、両者を含めています。

クリ

鋭いいがの中には甘くておいしい果実

高さ17ｍにも達する落葉高木で、北海道南部から九州南部までの丘陵や山地に生えています。日本と朝鮮半島南部にのみ自生をする植物で、食用にする果実（クリの実）はとげだらけのいが**（図1）**の中に3個ほど入っています。昔から加熱するだけで食べられるおいしい食べ物として知られ、救荒食品（食糧不足のときに採取して食べられるもの）として伐採を禁じていた地方も多いそうです。

クリは果実を食用にするほか、材木は薪炭材（しんたんざい）にしたり、堅くて腐りにくいことから家の土台にしたりし、昔は線路の枕木にもしました。

小学生のときに材木のことを書いた本を読んだら「クリの材は腐りにくいので鉄道の枕木にする」と書いてありました。そこで私は計算しました。東京から大阪の距離を５００㎞として、枕木を1ｍおきに並べると50万本必要です。複線なら１００万本です。1本の木から枕木が5つ作れたとして20万本のクリの木が必要です。全国の鉄道で使われている枕木はすごい数になります。日本にはこんなにクリの木があるのだろうかと疑問に思ったものです。

そのほか、木材はシイタケ栽培のほだ木に使われますし、クリの葉には殺菌作用と皮膚をひき締める作用がありますので、湿疹やあせものときに葉を大鍋で煮て、煮汁とともに風呂に入れて薬湯にします。また濃く煎じた汁を湿疹、ウルシかぶれ、虫刺され、軽い火傷（やけど）などの湿布薬にします。樹皮も皮なめしに使われるという有用な植物です。

クリの花は6月頃に咲きます。枝の先の葉の腋から長さ10㎝ほどの花穂を出し、そこに雄しべばかりが目立つ多数の雄花をつけ、その下部に2、3個の小さな雌の花序をつけます**（図2）**。どう見ても虫を呼ぶような目立つ花ではなく、スギのように風で花粉を飛ばす風媒花と思えますが、クリの花にはハナムグリ、ミツバチ、アブ、ハエなど多くの昆虫がやってきます。これは花が強いにおいを出して昆虫を呼び寄せているためです。それは何とも異様なにおいです。クリの名札の「リ」が「ソ」のように見えることがあり**（図3）**、クソのにおいかなと思うかもしれませんが、そうではなくて、何とヒトの精液とよく似たにおいです。

図1 クリのいが

図3 某植物園のクリの名札

図2 クリの花穂
長いのが雄、下部の小さく丸いのが雌

【学名】

クリ *Castanea crenata* Siebold et Zucc.

【科名】 ブナ科

【別名】 中国では日本栗という名前です。

【においの部位とにおいの成分】

花：1- ピロリン 1- pyrroline 窒素を含んだ五員環の化合物です。

【似た植物】

中国にはチュウゴクグリ（中国名は栗）*C. mollissima* Blume が生えており、果実は日本では天津甘栗の名で売られています。ヨーロッパにはヨーロッパグリ（フランス語でマロン Marron）*C, sativa* Mill. が栽培されています。

クロモジ

茎葉のもつリラックス効果の高い香りはお茶に好適

丘陵、山地の落葉樹林に生えている雌雄異株の落葉低木です。明るい場所を好むので、道路脇に生えていることが多く、見つけやすいです（**図1**）。高さは2〜4m、枝は黄緑色で滑らかです。冬に枝先を見ると丸い芽と細長い芽がついています。丸い芽は花芽、細長い芽は葉芽です（**図2**）。これが春になるといっせいに展開し、花と葉が同時に見られます（**図3**）。葉は長さ5〜10㎝ほどで明るい緑色です。花芽には数個の花がつきます。花は6個の花被片からなり、雄株では9本の雄しべが目立ちます。雌株は秋になると、直径が5㎜ほどの黒くて丸い果実ができます。

本州の東北地方南部以南の太平洋側と四国、九州の落葉樹林に生えています。一方、クロモジの変種で葉が大きいオオバクロモジは、北海道と本州の東北地方、それ以南の日本海側に生えています。太平洋側の乾燥、日本海側の多雪の影響で、この2つの系統になったものと思われます。

クロモジの名前は、茎の表面に黒いコケ（地衣類）が付着してできる、不規則な模様を文字に見立てたためではないかと考えられています。

クロモジの茎葉は香りがよいために、お茶として飲むことをおすすめします。また、布袋に入れて風呂の中でよくもみ、香りを楽しむことができます。この香りには心を落ち着かせる作用があり、興奮を鎮め、リラックスできます。肩こりや神経痛などには煎じた液で湿布をするのもよいでしょう。また、枝を細かく刻み、焼酎を刻んだ材料の高さの2倍くらい入れて2〜3か月おくと、香りのよい酒ができます。これを水で2倍に薄めて、健胃、整腸のために1日に1回 20㎖程度を飲むという使い方もあります。

クロモジの枝は柔らかいために、茎を縦に割り、先端を細く削って楊枝（ようじ）にし、和菓子などに添えられます。この楊枝をその昔、黒楊枝といい、宮中の女房言葉でクロモジ（黒文字）となったという植物名の語源説があります。

新鮮な茎葉には精油が約０.４％含まれています。第二次世界大戦のあとの一時期、伊豆半島でクロモジの精油が生産され、化粧石けんの香料にされました。

樹皮に美白効果の期待されるカルコン誘導体を含んでいますが、含有量が少ないために実用化されていません。

図1　満開のクロモジ

図3　発芽をしたクロモジの枝
葉とその下の花が見られる

図2　クロモジの芽
丸いのが花芽、細長いのが葉芽

【学名】

クロモジ　*Lindera umbellata* Thunb. var. *umbellata*

オオバクロモジ

L. umbellata Thunb. var. *membranacea*（Maxim.）Momiy.

【科名】　クスノキ科

【においの部位とにおいの成分】

茎葉：リナロール linalool、1,8- シネオール 1,8-cineol、ゲラニオール geraniol など。

トピック

クロモジと似た名前の植物に同属植物のシロモジがあります。またクロモジと近縁のハマビワ属（*Litsea*）にアオモジがあります。しかしどちらも茎の表面に文字を思わせる模様はありません。木の姿も似ておらず、特にシロモジは葉の幅が広く、切れ込みもあり、クロモジと全く違います。枝の色がクロモジに比べてやや白いから、やや青いからという説もありますが、なぜこのような名前になったのかは、わかりません。

ゲッケイジュ（ローレル）

勝者がかぶる冠から「勝利の香り」が漂う

ゲッケイジュ（**図1**）は地中海沿岸原産の雌雄異株の常緑高木で、高さは12mほどに達します。葉は濃緑色で長さ7～9㎝ほどになります。花期は4月で葉の腋に径が3～4㎜ほどの花が数個つきます。花被は4枚で淡黄色。雄花では雄しべが8～12本（**図2**）、雌花では雌しべが1本と仮雄しべが4本ついています。雌花は秋には長さ1.5㎝ほどのだ円状球形の実がなります（**図3**）が、日本には雌株はほとんどありません。ゲッケイジュの名は中国語の植物名、「月桂」に由来し、ローレルは英語のlaurelに由来します。フランス語のlaurierからローリエと呼ばれることもあります。

日本へは日露戦争勝利の年（明治38年）にフランスから届き、東京の日比谷公園、そのほかに戦勝記念に植えられたのが始まりと書かれた本が多いです。ただ、伊沢一男先生の『薬用植物大百科』には、植物は明治3年頃に東京青山にあった北海道開拓使の付属植物園ではじめて栽培され、挿し木によって苗木を作り、各地に広がったと書いてあります。現在では濃緑色の葉をびっしりとつけた美しい樹形と香りのよい茎葉で、庭木として植えられています。

古代のギリシャ、ローマではこの木に厄除けの効果があるとされ、伝染病を避けるために月桂樹の林に住んだ皇帝がいました。また勝利の象徴として、競技や戦争の勝者は、月桂樹の枝葉で作られた月桂冠をかぶりました。現代でも競技の勝者に、ゲッケイジュの冠やゲッケイジュをデザインしたものが与えられることがあります。

ゲッケイジュの葉はよい香りがします。葉を水蒸気蒸留して得られる精油は、化粧品、石けん、ソースなどの調味料に使われます。また葉を乾燥したものを料理の香りづけに使います。そのまま使いますが、粉末も出回っています。カレーやシチューなどの料理の片隅にそのような葉を見ることがあります。葉は丸まらないように軽い重しをのせて干すので、平らで暗緑色、縁にはゲッケイジュ特有の細かな凹凸があるので、すぐそれとわかります。これをローリエと呼んでいますが、ベイリーフという人もいます。でも英語のbay leafはゲッケイジュとそれに似たいろいろな葉を指しているので、あまり使いたくない名前です。

図3 ゲッケイジュの果実 （Is）

図1 ゲッケイジュ

図2 ゲッケイジュの雄花

【学名】

ゲッケイジュ *Laurus nobilis* L.

【科名】

クスノキ科

【においの部位とにおいの成分】

葉：1,8- シネオール 1,8-cineole、α、β - ピネン α、β -pinene、
サビネン sabinene，テルピネン -4- オール terpinen-4-ol、
α - テルピネオール α -terpineol、リナロール linalool など。

トピック

私は若い頃、料理研究家の女性と東京郊外の雑木林と家が混ざっているあたりを、食用野草を調べるために歩いたことがあります。ここには意外とゲッケイジュが多く、自由に触れることができました。ゲッケイジュは株により香りが違うらしく、その女性は「これはだめ」、「これはすごくいい香り」と大興奮でしたが、私にはわかりませんでした。

コーヒー（アラビアコーヒー）

焙煎による素晴らしい香りは世界中から愛される

コーヒーの仲間（コーヒーノキ属 *Coffea*）は世界に約40種あります。飲み物として最も使われ、重要なのはコーヒー（アラビアコーヒー）です **（図1）**。

この木は高さ10ｍにもなる常緑樹ですが、コーヒー豆の収穫のために、通常2ｍほどに仕立てています。葉は対生し、長さ15㎝ほどの長卵形で、先はとがっています。花は白色の筒状で、先は4、5裂しています **（図2）**。

果実は長さ12㎜くらいのだ円形 **（図3）** で、外側は赤色を経て熟すと紫色になります。この果実の中央にある核（内果皮）を割ると、2個の半球形の種子が出てきます。この種子が飲み物の原料になります。

アラビアコーヒーの原産地は熱帯アフリカのエチオピアです。原産地の中にKaffaという名前の地帯があったことから、コーヒーの名前やCoffeaという学名ができたものと思われます。

紀元前6世紀にアラビアに伝わって栽培されるようになりました。9世紀にはペルシャに伝わり、16世紀にはトルコに伝わったそうです。アラビアでは生の種子が他国に持ち込まれて栽培されないように、輸出する種子はすべてゆでて発芽力をなくし、輸出をモカMocha港に限定しました。しかし、生きた種子は少量ずつ持ち出され、オランダ、スペイン、イギリスなどがそれぞれの植民地で栽培するようになり、今では原産地から遠く離れたブラジル、コロンビア、東南アジアが大きな産地になっています。

種子はコーヒー豆 coffee bean といわれます。飲み物にするとカフェインが含まれているので頭をすっきりとさせ、疲れを忘れさせるとともに、焙煎（ばいせん）をするとよい香りがする優れた飲み物です。その香りの成分ですが、香りの専門誌を読むと「香りの成分は600種以上あり、多くの学者が研究しているがいまだに解明されていない」と書かれています。

コーヒー豆は日本には江戸時代にオランダにより長崎の出島に伝わりましたが、あまり人気がなかったようです。「なんだ、この焦げ臭いものは」と思われたのでしょう。

図3 コーヒーの果実 (Is)

図1 コーヒー

図2 コーヒーの花

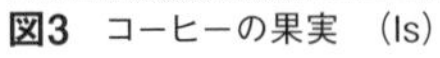

【学名】 コーヒー(アラビアコーヒー) *Coffea arabica* L.

【科名】 アカネ科 **【別名】** 英語:coffee

【においの部位とにおいの成分】

焙煎した種子:成分が多数あり、コーヒーのにおいはこれだとはいえませんが、焙煎によって生じるピラジン pyrazin 類、フラン furan 類がかなり関与していると思います。

【似た植物】

コンゴーコーヒー *C. congensis* Froehner

リベリアコーヒー *C. liberica* Bull ex Hiern

ロブスタコーヒー *C. canephora* Pierre ex Froehner

いずれも熱帯アフリカ産で、アラビアコーヒーと同様に飲み物にします。

トピック

焙煎は英語でロースト roast、食材を水や油を加えずにむらなく加熱することをいいます。アミノ酸と糖を含んだものは、この過程で両者が反応して暗褐色になり、においの成分も生じます。これをメイラード反応 maillard reaction といいます。

コノテガシワ

発毛の薬効は試す価値あり

コノテガシワ（**図1**）は中国原産の常緑樹です。鱗片状の小さな葉をつけた枝が手のひらを立てたように出るので、ほかの似た植物と簡単に区別ができます。雌雄同株で3～4月に枝先に淡褐色の雄花と雌花が咲きます。雌花は緑色を経て（**図2**）、秋には褐色の実になります。

特に手入れをしなくても丸くこんもりと茂り、茎葉がきれいなので庭木や生け垣に利用されます。そのまま生長させておくと幹が伸びて、スギのように大きくなります。

コノテガシワの茎葉は側柏葉（そくはくよう）（**図3**）といって、止血に用いる生薬ですが、中国の『本草綱目』に発毛効果があるとか、白髪が黒くなるとか書かれています。1977年の中華医学雑誌には発毛剤としての作り方、使い方とともに臨床的な有効性が次のように書かれていました。

「新鮮なコノテガシワの枝葉（青緑色の果実を含む）25～35gを刻み、60～75％エタノール100mℓに浸け、7日後に布でろ過し、しばらくおいて上層の深緑色のエキスを用いる。用法：綿棒を用い、毛髪の脱落部位にこのエキスを擦り込む。血行を促し、皮脂を除くために毎日3～4回、そのたびに何回も繰り返して擦り込むと、毛髪が再生する。毛髪が再生したら、こすることによって再生した毛髪が抜けないように何回も軽く塗る。毛髪が生長して黒く、太くなったら再びはじめのように何回も擦り込むと、頭皮がわずかに赤くなって毛髪の生長を促進する。治療効果の判定：①著効、1～3か月以上の治療で毛髪の生長が密で、太く黒く、脱落しにくい。②有効、毛髪の脱落が減少、再生した毛髪は比較的に細い。まばらに生えるか一部分のみ再生。③無効、かゆみ、毛髪の脱落は減っているが、新しい髪の再生は見られない。治療結果：各種のはげについて、著効20.6％、有効56.9％、総有効率77.5％。」

私は自分のおでこの毛の後退した部分に塗ってみました。そうしたら毛が生えてきました。炎症その他の副作用はありませんでした。ただ、白髪が黒くなるという効果はありませんでした。私の今までの経験では完全にはげてしまった部分には効果がなく、最近はげた部分や毛が細くなった部分に有効でした。乾燥した葉のエキスも有効です。洗髪料にエキスを混ぜるという使い方もあります。

図1　コノテガシワ

図3　側柏葉

図2　若い実をつけたコノテガシワ

【学名】

コノテガシワ　*Platycladus orientalis*（L.）Franco（= *Thuja orientalis* L.）

【科名】　ヒノキ科

【別名】　中国名：側柏

【においの部位とにおいの成分】

茎葉：α - ツジョン α -thujone、ツジェン thujene、フェンコン fenchone、ピネン pinene、カリオフィレン caryophyllene など。

【似た植物】

ヒノキ、サワラなどの似た植物がありますが、茎葉が立っていることで区別できます。

トピック

コノテガシワの意味は「児の手柏」で、子どもが手を立てたような茎葉の柏（かしわ）ということです。この場合、柏はブナ科のカシワではなく、ヒノキの仲間のことです。

ヒノキ同様、新鮮な茎葉は精油を含み、エキスもよいにおいがします。

コブシとタムシバ

コブシの名は拳（こぶし）形の果実から

コブシ（**図1**）は高さ15ｍになる落葉高木で、丘陵や山地に生えています。花は葉が出る前の3～4月に咲き、迎春花という名前もあるように、いち早く木全体に白い花をつけるので、北国では春が間近であることを知らせる大切な植物です。葉は長さが6～15㎝ほどあり、かむと辛味があります。葉を落とした冬に枝を見ると、2種類の芽が見られます。長さ1～1.5㎝のやや黒っぽい芽は葉芽、長さ2～2.5㎝で明るい褐色の毛で覆われた芽は花芽です。花芽の形は筆の穂先を思わせます。

花は径が7～10㎝で、白色で基部が赤味を帯びた6枚の花弁とその下の小さな緑色の3個の萼片からなります。雄しべは黄色で多数あり、中央の棒状の部分に小さな雌しべが多数つきます。花にはよい香りがあります。非常に面白いのは花の下に小型の葉が1枚必ずあることです。花の時期、葉芽はまだ展開しておらず、葉は花の下にこの小さな葉だけです。秋に実る果実は、長だ円形でいくつもの種子を果皮が包み、全体が細長いにぎりこぶし状なので、コブシという植物名になったといわれます（**図2**）。

北海道、本州、四国、九州に分布します。なお、北海道、本州中北部の日本海側には葉の長さが10～20㎝で、花もやや大きいキタコブシが生えています。

コブシによく似たタムシバは本州、四国、九州に分布し、日本海側に多く、特に東北と関東地方では太平洋側にはコブシしか見られないことから、いかにも日本海側限定の植物に思えます。コブシより小型で高さは約10ｍ、葉は長さが6～12㎝で、かむと甘味があります。牧野富太郎博士はこのことからタムシバの名は「かむ柴」が変わったものだろうと考えています。柴は小さな木のことです。よく似た白い花ですが、タムシバは漂泊でもしたのかと思えるようなみごとな白さです（**図3**）。花の下にはコブシのような小さな葉はありません。

両植物の蕾は辛夷（しんい）の名で生薬にします。でも実際には木が低く、積もった雪の上から容易に蕾に手が届くタムシバしか使いません。でも現在の市場品の多くはハクモクレン、シモレンなどの蕾を使った中国産です。辛夷は漢方で鼻づまり、鼻水、鼻炎、寒さでひいた風邪の頭痛に用います。

図1 コブシの花

図3 タムシバの花

図2 コブシの果実

【学名】

コブシ *Magnolia kobus* DC. var. *kobus.*

キタコブシ *M. kobus* DC. var. *borealis* Sarg.

タムシバ *M. salicifolia*（Siebld et Zucc.）Maxim.

【科名】 モクレン科

【においの部位とにおいの成分】

コブシ、タムシバの蕾：α-ピネン α-pinene、シトラール citral、リモネン limonene、リナロール linalool、1,8-シネオール 1,8-cineole、メチルチャビコール methylchavicol、オイゲノール eugenol など。

産地によって違いがあるようです。精油含量はコブシよりタムシバのほうが多いです。

【似た植物】

中国産のハクモクレン、シモレンも同じモクレン属の植物です。花が大きく、日本では観賞用に庭に植えられています。

ゴボウ

野趣のある香りと歯触りが和食に欠かせない

ゴボウは大型の二年草です。根生葉は卵形からハート形で、長さが30㎝になり、葉の縁は粗く波打っています（**図1**）。上面は緑色、下面は白色です。茎は高さが１ｍほど、ときに３ｍにもなり、その先が枝分かれして頭花がつきます。頭花は６～８月に咲き、ほぼ球形で径は２～５㎝です。頭花のほとんどを緑色で先が外側に向いてとがった総苞が包んでいるので、まるでとげだらけの球のようです。そのためにこの頭花のことを悪実といいます。舌状花はなく、球の上部に紅紫色の筒状花が見られます（**図2**）。根は外面が暗褐色で細長いです（**図3**）。花後にできる果実は長さが５～７㎜の長卵形でやや平たく、表面の色は暗褐色で種子のようです。

ゴボウはイギリス、ヨーロッパ大陸から中国の東部まで広く分布をしていますが、日本に野生品はありません。福井県の縄文時代の鳥浜貝塚（紀元前９０００－３０００）からゴボウが見つかっていますので、かなり昔に中国から渡来をしたものと思われます。

ゴボウの根はヨーロッパでは食用にしません。ところが、独特の香りと繊維が多い割にはサクッとかめるところが、日本人には好まれています。第二次世界大戦のときに日本軍の捕虜収容所で、捕虜にゴボウの料理を出したところ、戦後になって国外各地の裁判所で「日本人は捕虜に木の根を食べさせて虐待した」として責任者が戦犯として処罰されたそうです。

ゴボウの食物繊維は整腸作用があり、食後の血糖値（血中のブドウ糖量）の急な上昇を抑える効果があります。ゴボウの糖分はブドウ糖やでんぷんではなく、果糖とそれが重合したイヌリンですので、ゴボウそのものによる食後血糖値の上昇も起こりません。ただし食べすぎると消化に時間がかかり、ガスが溜まっておならが出ることがあります。

果実は牛蒡子あるいは悪実の名で咳、喉のはれ、発疹、熱を持ったはれものに使います。

なお、ヤマゴボウ、ヨウシュヤマゴボウ（ヤマゴボウ科）の根はゴボウの名前がついていますが、有毒です。山菜の店で売られている「ヤマゴボウ」はモリアザミ、オニアザミなどキク科アザミ属の植物の根で、これは食べられます。

図1　ゴボウの葉

図3　畑で収穫したゴボウ（ls）長い根がある

図2　ゴボウの頭花

【学名】

ゴボウ　*Arctium lappa* L.

【科名】　キク科

【においの部位とにおいの成分】

根：多くの揮発性の成分が見つかっていますが、最もゴボウのにおいに寄与しているのは2メトキシ-3-（1-メチルプロピル）-ピラジン 2-methoxy-3-(1-methylpropyl)-pyrazineなどのピラジン（ベンゼンの1,4位が窒素に代わった化合物）の誘導体です。

トピック

根生葉とはダイコン、スミレ、タンポポのように地面から出る葉のことです。まるで根から出ているようなので根生葉といいますが、根は葉を出す能力がありません。茎の基部から出ています。

ザゼンソウ

姿形、におい等、生態が特徴的な植物

単子葉植物の中にサトイモ科という科があります。栽培のサトイモ、コンニャク、カラー、山野に多いマムシグサ、テンナンショウ、尾瀬で有名なミズバショウなどを含む大きな科です。特徴は単子葉植物なのに葉がユリやササのように細くなく、幅が広いこと、小さな花がたくさんついた肉穂花序(にくすいかじょ)を仏炎苞(ぶつえんほう)という大きな苞が包み、これ全体がひとつの「花」に見えることです。ここではアメリカの悪臭で有名なSkunk cabbage（スカンクのキャベツ）に近縁のザゼンソウ **（図1）** を話題にします。

Skunk cabbageはザゼンソウの仲間、黄色い花の咲くミズバショウの仲間という2つの説があります。実はアメリカにはEastern Skunk CabbageとWestern Skunk Cabbageがあるのです。どちらも湿地に生えるサトイモ科の植物で、Eastern Skunk Cabbageは大西洋側に分布するザゼンソウ属のアメリカザゼンソウ、Western Skunk Cabbageは太平洋側に分布をするミズバショウ属のアメリカミズバショウ（キバナミズバショウ）です。

ザゼンソウは丸みのある肉穂花序を暗紫褐色の仏炎苞が包んでいます。仏像や仏画を見ると仏の背後にほぼ円形のものが書かれています。これは光背(こうはい)といって仏の放つ光ですが、仏炎苞を光背に、肉穂花序をその前で座禅をする仏に見立ててザゼンソウという名前になりました。

北海道と滋賀県以北の本州の湿地に自生しています。花は1月下旬に咲きはじめ、開花をするときは肉穂花序が25℃まで発熱し、まわりの雪を溶かし、花粉を媒介する昆虫を呼び寄せるそうです。初期に咲く花は雌しべのみが成熟し、ついで雄しべと雌しべが同時に成熟する時期となり、最後に雄しべのみが働く時期を迎えます。

ザゼンソウの花のにおいについて東京農大の小栗秀教授らが２０１９年に日本農芸化学会で発表しました。スカンクと同じように硫黄(いおう)を含んだ生臭い成分も見つかっています。一方、ミズバショウはあまり強いにおいはなく、そのにおいも「ユリに似た香り」という感想もあるほど、優しくさわやかなにおいのようです。ザゼンソウより身近に見られるテンナンショウ **（図2）** やウラシマソウ **（図3）** にも悪臭がありますので、嗅いでみてください。

図1　ザゼンソウ

図2　ミミガタテンナンショウ
総苞の左右が耳のように張り出しているのでこの名がついた

図3　ウラシマソウ　浦島太郎が長い釣り糸を垂らして魚を釣っているのどかなイメージ

【学名】

ザゼンソウ　*Symplocarpus renifolius* Schott ex Tzvelev

アメリカザゼンソウ　*S. foetidus*（L.）Salisb. ex W.P.C.Barton

ミズバショウ　*Lysichiton camtschatcensis*（L.）Schott

アメリカミズバショウ　*L. americanus* Hultén et St.John

【科名】　サトイモ科

【においの部位とにおいの成分】

ザゼンソウの「花」：イソ吉草酸イソアミル isoamyl isovalerate、*ジメチルジスルフィド dimethyl disulfide、1,8- シネオール 1,8- cineole、サビネン sabinene、*メチルジチオフォルメイト methyl dithioformate、*メチオナール methional など。

*印は硫黄を含んだ有機化合物で悪臭の成分と思われます。

サフラン

雌しべは非常に貴重で高価な薬やスパイスとなる

サフラン（**図1**）は多年草で、地下にある直径が2.5cmほどの球茎から多数の細い葉を出し、10、11月頃、その中央に花をつけます。花茎の高さは15cmくらい、花は径が5～6cmで、基部でつながった6枚の花被片があり、その内側に3本の雄しべと先が3つに分かれた雌しべがあります。花被片は淡い紫～赤紫色で縦に濃い色の筋が多数あります。雄しべは黄色で短く、雌しべは濃紅色で非常に長く、花被片と同じほどの長さです。学名でわかるように、春に咲くクロッカスの仲間です。

原産地は地中海沿岸から小アジアで、ヨーロッパで薬として盛んに栽培されています。学名の *sativus* は「栽培の」という意味です。日本には江戸時代に伝えられました。花は咲いても実がならず、種子ができないので、球茎が分裂をして増えます。

薬に使うのは雌しべで、薬の生薬名もサフランです（**図2**）。干した雌しべ500gを得るためには6万個の花（花は1株に1～3個咲くので、2～6万株）が必要なのでサフランは極めて高価な薬です。雌しべの濃紅色の色素はカロチノイド系色素のクロシン crocin で、薄めると黄色くなります。また、糖が結合した配糖体なので、水に溶ける色素です。クロシンは日本に自生し、庭木としても盛んに植えられているアカネ科のクチナシの果実（生薬名：山梔子（さんしし））の色素でもあります。

薬として、鎮静、鎮痛、通経に使います。また、水に溶ける黄色い色素を持つこと、香りがあることから料理に色と香りをつけることに使われます。たとえば、フランスの有名な料理、ブイヤベースは魚介類や野菜をサフランとともに煮込んで作ります。

私が大学の植物園の園長をしていたとき、畳一枚くらいの広さにサフランを植えました。ある日見たら、雌しべが一本残らず消えていました。これでは学生の勉強用になりません。いささか憤慨して校舎に戻ったら、事務室に雌しべが干してありました。私がじっと見つめていると、近くに気持ちが落ち着かずそわそわしている人がいました。

図1 サフラン
雌しべが長く濃紅色

図3 イヌサフラン

図2 生薬のサフラン

【学名】

サフラン *Crocus sativus* L.

【科名】 アヤメ科

【においの部位とにおいの成分】

雌しべ：サフラナール safranal（主成分）、ピネン pinene、シネオール cineole など。サフラナールは苦味成分のピクロクロシンの分解で生じます。

【似た植物】

似た植物にクロッカスの仲間、サフランモドキ（ヒガンバナ科）、イヌサフラン（イヌサフラン科、旧ユリ科）などがありますが、雌しべが大きく、濃紅色であることに注意をすれば、ほかと間違えることはありません。

間違えると危険なのは、鑑賞用に庭に植えるイヌサフラン *Colchicum autumnale* L.**（図3）**で、葉はサフランとは異なり、幅が広いです。植物全体にコルヒチン colchicine というアルカロイドを含んでおり、少し食べただけでも下痢や嘔吐、呼吸困難などの症状を引き起こし、重篤な場合には死亡することがあります。地下部（鱗茎）をニンニクやタマネギと間違えて食べて中毒することもあります。

サルビア（ヤクヨウサルビア、セージ）

園芸種とは違う薬用植物

サルビアはシソ科アキギリ属 *Salvia* の植物のことで、英語ではセージ sage といいます。この属は世界に５００種以上が分布しています。そのために単にサルビア、セージというだけでは、どの植物を指しているかわかりません。

薬草、ハーブの世界では *Salvia officinalis* という学名の植物をサルビア、セージと呼び、他と混同されないようにヤクヨウサルビアともいいます**（図1）**。*officinalis* は「薬になる」という意味です。園芸の世界では赤い花の咲くヒゴロモソウ *Salvia splendens* をサルビアということがあります**（図2）**。*splendens* はきらめくという意味です。

ヤクヨウサルビアはヨーロッパ南部、地中海北岸原産の常緑植物で、茎の下部が木化をするので草ではなく亜低木とされます。高さは60～80cmほどになり、葉は茎に対生し、長だ円形で長さは２・７cmほどです。全体に白い毛が生えています。５～7月頃、茎の上部に何本かの花穂を出し、穂の数か所にまとまって花をつけます。花は上下に細長い唇形花で、色は紫、青、白などです**（図3）**。

葉はよい香りがするために乾燥品（サルビア葉）をスパイスとしてソースやカレー、肉料理などの香りづけに使います。葉には、精油が2％も含まれているそうです。

現在ではサルビアは観賞用、あるいはスパイスとして使うことがほとんどですが、昔はいろいろな薬効があるとして使われていました。たとえば消化不良、下痢、胃炎、食欲不振、生理痛、喉のはれ、認知症、外用では虫刺されや口内炎、鼻粘膜の炎症に使われました。長期間の使用や妊娠時の使用でなければ、副作用の心配もないようです。

特に古代のギリシャ・ローマ時代はその効能が強く信じられ、古代ローマ帝国の軍隊がイギリスに遠征したときはサルビアの種子をまきながら行軍したそうです。そのためにサルビアの茂る道はローマ兵が通った道といわれ、ローマ帝国の拡大とともにサルビアはヨーロッパ中に広がったと考えられています。

サルビアの仲間（アキギリ属）は日本にもアキギリ類、タムラソウ類、ミゾコウジュなど10種前後が草原や山林に野生しています。いずれも小さいながら可憐な花をつけますが、あまり注目されず、薬にもされません。

図2　ヒゴロモソウ

図3　ヤクヨウサルビアの花

図1　ヤクヨウサルビア

【学名】

ヤクヨウサルビア　*Salvia officinalis* L.

【科名】　シソ科

【別名】　セージ、サルビア

【においの部位とにおいの成分】

葉：α , β - ツヨン α , β -thujone、樟脳 camphor、龍脳 borneol など。

【似た植物】

ヒゴロモソウ（別名：サルビア、ヒゴロモサルビア）*S. splendens* Sellow。ブラジル原産の多年草。赤い花が美しく、観賞用として栽培される。

トピック

私の住む三重県四日市市の市の花は 1972 年にサルビア（ヒゴロモソウ）と決まりました。何で外国産の栽培植物が選ばれたのか不思議ですが、これは市内でよく見られるサルビア、ダリア、コスモス、チューリップ、アジサイの５種の候補の中からアンケートで選ばれたのだそうです。今、四日市のマンホールの蓋にデザインされ、あちらこちらで見られます。

サンショウ

葉を食用にするなら、アゲハの幼虫に注意

サンショウは北海道から九州までの各地の低山の林内に生える雌雄異株の落葉低木で、高さ1~3mほどになります。葉は奇数羽状複葉で、小葉は5~9対つきます。小葉は卵形か狭卵形、長さは1~3cmで、葉を透かすと油室が淡黄色の点となって見えます。枝につく葉の両側には対になったとげがつきます**(図1)**。春に枝先に淡黄緑色の小さな花をつけます**(図2)**。秋になると雌株には直径5mmほどの赤褐色の果実がつきます。果皮にも多数の油室があり、その部分が凹んで見え**(図3)**、熟すと果皮が割れて黒い光沢のある種子が露出します。

果実や葉を香辛料として使うために、栽培も盛んに行なわれています。サンショウは種子から育てても成木になり、花が咲くまでその樹が雄か雌かわかりません。果実を利用したい場合は、挿し木等で確実に雌とわかっている苗木を購入します。栽培品にはとげのないアサクラザンショウ、とげのごく短いヤマアサクラザンショウ、果実が多数房になってつくブドウザンショウという品種があります。

私は庭に1本植えて果実を利用していました。丈夫な木で栽培は難しくないし、近くに雄の木など見当たらないのによく実をつけてくれました。ところが天敵がいました。アゲハ、クロアゲハです。どこからともなく飛んできて葉に卵を産んでいきます。卵からかえった芋虫の食欲は旺盛で、放っておくと木が丸坊主になってしまいます。でも芋虫を捕まえて殺すのは何とも気が進まず、私は毎朝葉を調べて、黄色い卵があると取り除いていました。

サンショウは、若葉やまだ緑色の未熟果を食用にしますが、香辛料や薬用には成熟した果実を使います**(図4)**。香りも辛味もない種子は除きます。用途は健胃整腸薬で、回虫駆除にも使われます。樹皮を煮た佃煮を食べると回虫の予防になるといわれています。

なお、サンショウは国外では朝鮮半島南部に自生していますが、中国にはありません。代わりによく似たカホクザンショウがあり、熟した果実がサンショウと同様に赤く美しいので花椒(ホワジャオ)と呼ばれ、同様に香辛料として使われます。香りも辛味もサンショウより強いようです。

図3 サンショウの果実

図1 サンショウの葉ととげ

図4 香辛料、生薬の山椒

図2 サンショウの花

【学名】

サンショウ　*Zanthoxylum piperitum*（L.）DC.

【科名】　ミカン科

【別名】　古名：はじかみ

【においの部位とにおいの成分】

果皮：精油 2 ～ 4%、シトロネラール citronellal、リモネン limonene、β - フェランドレン β -phellanrene、ゲラニオール geraniol、シトロネロール citronellol など。葉、樹皮にも同様の成分があります。辛味成分は酸アミド構造を持つサンショール sanshool 類です。

トピック

サンショウ（山椒）、カホクザンショウ（花椒）、コショウ（胡椒）、トウガラシ（蛮椒）など、漢字では刺激性の味のある植物に椒の字を使っています。椒の字の前の「山」は山に生えているから、「花」は果実が綺麗だから、「胡」は中国の西にある国から導入されたから、「蛮」は中国の南にある国から導入されたからという意味です。

シソ

奈良時代に中国から渡来

シソは高さ30～80㎝ほどになる一年草です。茎の断面は四角で、葉は2枚が対生します。葉は広卵形で、長さは7～12㎝、先はとがり、葉縁には鋸歯があります。8～9月頃、枝先に花穂を出し、そこに白～淡紅色の小さな花を多数つけます。葉の両面には精油を含んだ丸い毛（植物学では表皮細胞が外側に伸びたものを毛といい、こんな形でも毛です）が生えています（**図1**）。シソの葉を料理に使うときに手のひらでたたくことがありますが、これは毛を潰して精油を出すためです。

シソは畑で栽培されるほか空き地や道端に生えていて、いかにも日本の植物と思われますが、中国、ミャンマー、ヒマラヤに自生する植物で、日本には中国から渡来し、奈良時代から栽培されるようになりました。

葉はいろいろなタイプがあり、葉の両面が赤紫色のアカジソ（単にシソともいう）（**図2**）を基本に、上面だけが赤紫色のカタメンジソ、全体が緑色のアオジソ（**図3**）、さらに葉面にしわのあるチリメンジソがあり、これにも葉の色と組み合わせてチリメンジソ、チリメンカタメンジソ、チリメンアオジソなどがあります。

いずれも料理に使われますが、アカジソは梅干しに色と香りをつけるのに使われます。

薬としては葉を蘇葉（そよう）といい、漢方で鎮咳去痰薬、風邪薬、健胃薬に使われる処方に配合し、種子も紫蘇子（しそし）の名でほぼ同じ目的に使います。

シソと変種関係の植物にエゴマ（荏胡麻）があります。東南アジア原産の一年草で高さは60～１００㎝、シソとよく似ています。日本には縄文時代にすでに導入されていたようです。種子に含まれる油を利用するために栽培されました。種子をしぼって得た油を荏胡麻油とか荏（え）の油（ゆ）といい、食用にしました。しかし、油を構成している脂肪酸は二重結合が多く、これが空気中の酸素と結合して油は固まってしまいます。そのために、その後日本にゴマ（ゴマ科）、アブラナ（アブラナ科）が導入されると、食用にはこちらが利用されるようになりました。

荏原のように荏の字の入った地名は昔、エゴマを栽培していた場所ではないかといわれています。

図2 アカジソ

図1 シソの葉につく精油を含んだ毛。上から見ると魚の鱗のようなので腺鱗（せんりん）という

図3 アオジソ

【学名】

シソ *Perilla frutescens*（L.）Britton var. *crispa*（Benth.）W.Deane

エゴマ *P. frutescens*（L.）Britton var. *frutescens*

【科名】 シソ科

【においの部位とにおいの成分】

シソの葉：ペリルアルデヒド perillaldehyde、リモネン limonene、
α, β-ピネン α, β-pinene、リナロール linalool、
カリオフィレン caryophyllene など。

トピック

1913年に東京の高尾山で牧野富太郎博士がレモンの香りのするエゴマの仲間を発見し、レモンエゴマと名づけました。この植物は本州の宮城県以南の太平洋側、四国、九州に分布し、最初は日本の固有種と考えられましたが、中国大陸から発見されています。学名は *P. frutescens*（L.）Britton var. *citriodora*（Makino）Ohwi です。精油の50%はレモンの香りのするシトラール citral です。高尾山では今でも山道の脇に生えているようです。

シナガワハギ

「品川」の地名から名づけられた植物

シナガワハギ（**図1**）は高さ1～2mになる一年草、あるいは二年草です。茎は直立し、多数の枝を出しています。葉は3小葉からなり、小葉は長さ1～2cmです。4～6月頃、長さ5～10cmほどの花穂を出し、ここに長さ5mmほどの多数の黄色い花をつけます（**図2**）。果実（豆のさや）は長さ2～4mmです。

もともとはヨーロッパからアジアにかけて広く分布をする植物で、日本に帰化して、今では北海道から沖縄までの海岸近くや河原、造成地などに生えています。江戸時代末期に東京の品川の近くで見つかったので、シナガワハギの名前がつきました。私も若い頃に都心の空き地の道端で見つけました。学名由来のメリロートや英語由来のイエロウスイートクローバーの名前もあります。

植物体はサクラの葉と同様にクマリンの配糖体を含んでいて、もんだり、乾燥をしたりすると糖がはずれて、桜餅に似た甘いにおいがします。クマリンは最初に南米産のマメ科の高木、クマル cumaru の種子（トンカ豆。**図3**）から得たのでこの名がつきました。ヨーロッパではシナガワハギをたばこ、ビール、ウォッカ、チーズ、料理の香りづけに使い、またお茶やポプリで香りを楽しみます。

一方でクマリンは肝臓や腎臓に障害を与え、クマリンが変化をして生じるジクマロールが血液を固まりにくくするために、怪我をすると血が止まらなくなります。

こう書くと驚いてしまいますが、桜餅を食べたり、シナガワハギで香りをつけた飲み物や食べ物を日常生活の中で普通に摂取したりする程度では、問題がありません。「血液をサラサラにしてむくみを取る」などの効果に期待をして連日大量に摂取することは避ける必要があります。

1920年代のアメリカで、飼っていた牛が出血多量で大量に死ぬ事件がありました。最初は原因不明で、奇病扱いでしたが、原因はシナガワハギでした。牛はクマリンの香りが好きで、クマリンを食べた牛の牛乳はよい香りがするので、牧場主は餌として大量のシナガワハギ（の仲間）を毎日与えました。このシナガワハギは生えていたカビによりクマリンがジクマロールに変わっていたのです。この病気は「スイートクローバー中毒」と呼ばれています。

図2　シナガワハギの花穂

図1　シナガワハギ

図3　トンカ豆

【学名】

シナガワハギ

Melilotus officinalis（L.）Pall. subsp. *suaveolens*（Ledeb.）H.Ohashi

【科名】　マメ科

【別名】　英名：yellow sweetclover

【においの部位とにおいの成分】

茎葉：クマリン coumarin

トピック

シナガワハギの亜種で花が白いものをシロバナシナガワハギ *M. officinalis*（L.）Pall. subsp. *albus*（Medik.）H.Ohashi et Tateishi といいます。またクマル（トンカマメ）の学名は *Coumarouna odorata* Aubl.=*Dipteryx* odorata Willd. です。

ジャスミンの仲間

有名な芳香植物でも実物は意外に知られていない

香りのある植物というと、ジャスミンの話は避けて通れません。実物は見ていなくても、ジャスミンという香りのよい植物の名前は誰でも知っていると思います。

ところがジャスミンのことを簡単に書くのは非常に難しいです。ジャスミンの仲間（モクセイ科ソケイ属 *Jasminum*）は旧大陸（アジアとヨーロッパ）の熱帯から亜熱帯に約300種が分布しています。落葉、または常緑のつる性木本、あるいは低木、花は筒形で、先は4～9裂し、色は白、黄、稀に紅色があります。花に芳香のあるものが多く、香料原料として利用されているものがあります。このうち、香料原料となり、日本でも栽培品のあるソケイとその仲間のオオバナソケイ、マツリカを紹介します。

ソケイ（素馨。**図1**）は中国南部からインド、アフガニスタン、イランに分布をするつる性の常緑低木で、葉は5～7枚の小葉からなる羽状複葉、花は径が2.5㎝ほど、オオバナソケイでは3.5㎝ほどあり、白色。ヨーロッパには古くに伝わり、16世紀にはフランスのグラースで香料原料として栽培されるようになりました。英名をCommon white jasmineといい、通常香料にするのは、この植物です。日本には中国から1819年に伝えられたそうです。

マツリカ（茉莉花。**図2**）は東ヒマラヤ、インド原産の半つる性の常緑低木で葉は単葉、花は八重咲、半八重咲で径が2.5～3㎝ほどで、白色です。

これらの植物は寒さに弱く、日本では冬は室内で保護しないと越冬できないですが、寒さに強くて最近は都会の庭にも植えられているものにハゴロモジャスミン（多花素馨）があります。この植物は中国南部からミャンマー原産のつる性木本で、葉は5～7枚の小葉からなる羽状複葉、花は径が1～2㎝と小さいですが、色が白からピンクで多数が開花するので目立ちます。香りは強く、「キンモクセイにバラの香りを足した感じ」だそうですが、どういうわけだか香料としては全く使われていません。

このほか日本にはジャスミンの仲間として寒さに強く、香りはないけれど花が黄色で見栄えがするオウバイ（黄梅）、キソケイ（黄素馨）が庭木として植えられています。

図2　マツリカ（Is）

図1　ソケイ

図3　カロライナジャスミン

【学名】

ソケイ　*Jasminum officinale* L.

オオバナソケイ

J. officinale L. forma *grandiflorum*（L.）Kobuski = *J. grandiflorum* L.

マツリカ　*J. sambac*（L.）Aiton

ハゴロモジャスミン　*J. polyanthum* Franch.

【科名】　モクセイ科

【においの部位とにおいの成分】

花：成分はソケイ、オオバナソケイでは酢酸ベンジル benzyl acetate、フィトール phytol、安息香酸ベンジル benzyl benzoate など、マツリカではリナロール　linalool、α - ファルネセン α -farnesene、インドール　indole など。

【似た植物】

生垣用に栽培されている植物にカロライナジャスミン（**図 3**）があります。この植物はアメリカ東海岸原産の多年生のつる性木本植物で、ジャスミンに似た芳香があります。しかし、呼吸中枢麻痺を起こす有毒なアルカロイドを含んでいます。

シュンギク

野菜の栽培では花を見る前に収穫

シュンギクはキク科の一年草です。高さは80㎝ほどになり、葉は2回羽状に切れ込みます（**図1**）。頭花は枝の先につき、径は3㎝ほどです（**図2**）。中央には黄色の筒状花が多数つき、周辺には黄色、ときに白色の舌状花がつきます。多くのキクの仲間は秋に花が咲くのに、この植物は春に咲くことからシュンギク（春菊）の名がつきました。また関西では野菜になるキクということで、キクナ（菊菜）とも呼ばれます。

シュンギクは広義には栽培のキクやフランスギク、マーガレットを含むキク属 *Chrysanthemum* ですが、細かな分類では、多くのキクが多年草なのに一年草であることなどにより、シュンギク属 *Glebionis* とされています。

若い茎葉を食用にします。煮物、あえ物、てんぷらなど、多くの料理に盛んに使われているので、いかにも日本在来の植物のように思えますが、実はヨーロッパの地中海沿岸原産の植物です。日本には室町時代（14〜16世紀）に中国から導入されたそうです。中国では本草書の『嘉祐本草（かゆうほんぞう）』（1057）に「同蒿」の名で記載されているのでこれ以前に渡来をしています。なお『嘉祐本草』には同蒿は気持ちを落ち着かせ、消化を助ける作用などがあるが、多食は不可と書いてあります。どうしてなのかは書いてありませんが、人により多食するとシュンギクアレルギーで吐き気や腹痛を起こすそうです。

栽培されるシュンギクには葉の切れ込みが少ない大葉と切れ込みの多い中葉があり、大葉は四国、九州で、中葉（**図3**）は本州栽培されます。

シュンギクの栽培の適温は15〜20度なので、3〜5月に種まきをして初夏に収穫をするか、9〜10月に種まきをして早春に収穫をします。食用にするのは20〜30㎝ほどに伸びた若い茎葉で、株元から4〜5㎝上で切ると、残った茎から出た脇芽が生長して再び収穫できます。このように若いうちに収穫するので、畑では花は見られません。

シュンギクを食用にするのは日本、中国、韓国などのアジアだけで、原産地のヨーロッパやアメリカでは花を眺める観賞植物で、食用にはしません。理由は強いにおいのためのようです。

図1 シュンギクの葉 (St)。2回羽状に切れ込んでいる

図3 シュンギク
葉の切れ込みの深い「中葉」

図2 シュンギクの頭花 (Is)

【学名】

シュンギク

Glebionis coronaria (L.)Cass. ex Spach＝*Chrysanthemum coronarium* L.

【科名】 キク科

【においの部位とにおいの成分】

葉：亀岡弘氏らの研究（1975）では茎葉の水蒸気蒸留で得た精油から
α，β-ピネン α，β-pinene、ベンズアルデヒド benzaldehyde、
カンフェン camphene、ミルセン myrcene、ファルネセン farnesene、
ベンジルアルコール benzyl alcohol、リナロール linalool など13種の成分を得ています。

トピック

シュンギクの葉にはキク特有のにおいがあり、これがシュンギクらしいと好まれる一方で、日本でもこのにおいが嫌いで、シュンギクを煮たものは食べないという人がいます。でも、ゴマ油で炒めるとかてんぷらにすると、においが消えて食べられるそうです。

ショウガ

原産地は不明だが、世界中で親しまれている植物

ショウガは中国では薑(キョウ)と書きますが、同じ発音の姜とも書きます。熱帯産の多年草で高さ０.５～１m、地下には多肉質で淡褐色の根茎があります。高さ20～25cmほどの花茎の先に花序を出し、苞の間に黄緑色で唇弁に紫の条の入った花をつけます。ただし、日本では温室で栽培しないと花は見られません。

世界各地で栽培されていますが、どこが原産地かは不明です。インドでは古くから栽培され、英語のgingerはサンスクリット語のsingaberaに由来するとされていることから、原産地はインドという説もあります。

日本最古の漢和辞典である『新撰字鏡』（８９８-９０１）に「干薑(せんきょう)、久禮乃椒(くれのはじかみ)」とあり、中国から渡来した干したショウガを、辛味が山椒に似ているので呉のはじかみと呼んでいました。この頃、すでにショウガが日本に渡来していたことがわかります。はじかみは本来、山椒を指す名前でしたが、その後、ショウガの別名になりました。

低温を嫌うために、日本では関東地方以南で栽培が行われています。増殖は根茎の株分けによって行いますので、皆よく似ていていますが、それでも長い栽培の歴史の中でいくつかの品種ができています。根茎の小さいタイプの小ショウガは辛味が強く、若い根茎を生食し、乾燥して香辛料にします。大きくなるショウガは、辛味が弱く、生食、漬物用とします **（図1）**。

ショウガの根茎は薬用としても重要です。芳香性健胃薬として胃腸の不調に使います。また、漢方では水毒（水分の代謝異常、偏在）による嘔吐、悪心、咳、胸痛、腰痛などを除去する目的で使われます。生薬にはいろいろな名前があります。日本では根茎をそのまま干したもの、あるいは乾燥を早めるために外皮を剥ぎ、消石灰をまぶして干したものを生姜(しょうきょう) **（図2）**、乾生姜(かんしょうきょう)、蒸してから干したものを乾姜(かんきょう)といいます。一方、中国では生の根茎を生姜、鮮生姜、乾燥したものを乾姜、干姜といいます。日本の生姜は乾燥品、中国の生姜は生の根茎であることには注意をする必要があります。生薬に使うショウガは乾燥すると水分が飛んで、重量が１／３～１／４になります。辛味成分が３～4倍になっています。

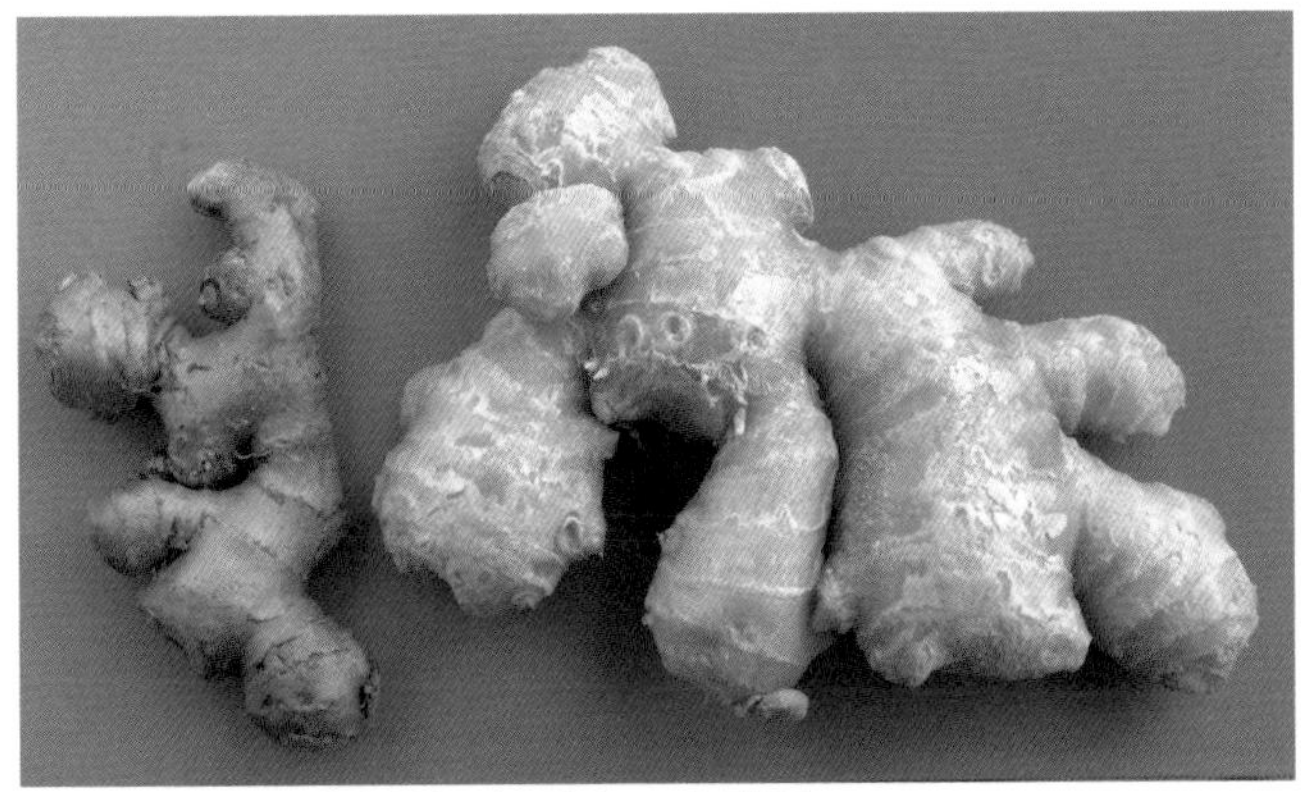

図1 小ショウガの金時(左)と中国産大ショウガ(右)

図3 ショウガの売店
東京・八王子の永福稲荷神社前

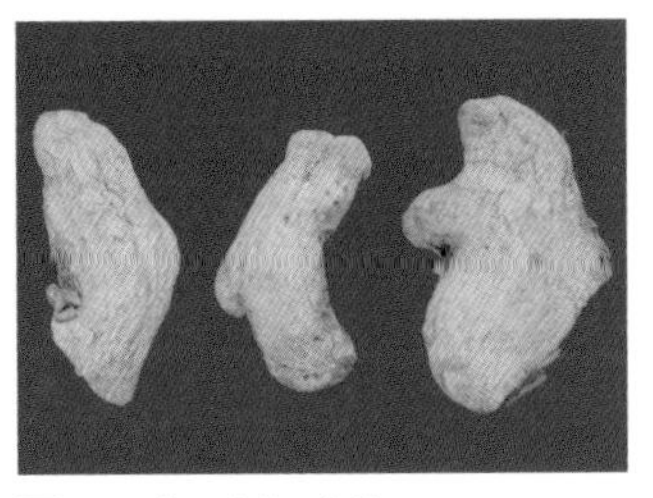

図2 日本の生薬、生姜
消石灰で処理してあるので白い

【学名】

ショウガ　*Zingiber officinale*（Willd.）Roscoe

【科名】　ショウガ科

【別名】　ハジカミ、クレノハジカミ

【においの部位とにおいの成分】

根茎：精油 0.25 ～ 3%、ジンギベレン zingiberene（主成分）、ビサボレン bisabolene、カンフェン　camphene など。なお、辛味成分はジンゲロール gingerol とそれが変化したショウガオール shogaol など。

トピック

東京・八王子にある永福稲荷神社では毎年 9 月にしょうが祭りが行われます。かつてはショウガを奉納して厄除け祈願をしたのですが、今は逆に奉納金を出した人にショウガを渡しています。神社の近くにはショウガを山のように積んだ店が出ており、この祭りを特徴づけています **(図 3)**。

ショウブとセキショウ

ショウブとセキショウはいずれも水辺に生える多年草で、葉は細長く、全草に芳香があります。かつてはサトイモ科に属していましたが、APG分類ではショウブ科になりました。ショウブ科はこの2種類の植物しかありません。ショウブの名は中国名の菖蒲、セキショウは同じく石菖蒲に由来しています。

ショウブは地下に径が4～6㎜、長さ5～10㎝の根茎があり、その先端部より葉を叢生（そうせい）します。葉の長さは0.5～1mで先はとがり、幅は1～1.5㎝あります。熱帯では常緑ですが、日本では冬は葉が枯れます。葉の基部から先端まで、中央に中肋（ちゅうろく）といって突起した筋があります。3～7月に10～30㎝の花茎を出し、その先に4～7㎝ほどの花穂が出て、そこに小さな黄色い花をぎっしりとつけます（**図1**）。根茎には強い芳香があります。

日本では北海道から九州まで、世界的には東アジアからインドまでと北アメリカに自生しています。

セキショウはショウブに似ていますが、葉は冬も枯れず、小型で長さが30～50㎝、幅が6～13㎜で中肋がありません。花序は長さが5～10㎝あります（**図2**）。日本では本州から九州に自生し、世界的には韓国の済州島、中国、ベトナム、インドに分布しています。

どちらも根茎に香りと薬効をもつ

ショウブの根茎の乾燥品はやや扁平な円柱状で、長さ4～20㎝、径0.8～2㎝、外面は灰褐色～茶褐色、断面は淡褐色です。セキショウの根茎の乾燥品はやや扁平なひも状で、長さ10～20㎝、径3～10㎜、外面は淡黄褐色～黄赤色、断面は淡黄褐色～灰白色です。どちらの根茎も特異な強い香りがあり、中国では菖蒲根、石菖根などの名で薬用にしています。

日本では菖蒲湯がよく知られています。ショウブの香りは邪気を追い払うと信じられていたほかに、ショウブの発音が尚武に通じること、葉が両刃の剣に似ていることから武士に好まれ、男の子の成長を願うために、男の子の節句である5月5日の端午の節句の日に風呂に入れたのです。ゆっくりとこの風呂に入れば、血行がよくなって疲れが取れ、リラックスして免疫力が上がります。

図3　ハナショウブ　(Is)

図1　ショウブ

図2　セキショウ

【学名】
ショウブ　*Acorus calamus* L.　　セキショウ　*A. gramineus Sol.* ex Aiton
ハナショウブ　*Iris ensata* Thunb.

【科名】　ショウブ、セキショウ：ショウブ科　ハナショウブ：アヤメ科

【においの部位とにおいの成分】
ショウブ、セキショウの全草：金沢大の杉本直樹氏らの根茎の精油成分の研究（1997）によると、ショウブには２つのタイプがあり、Ａタイプ（近畿、中国、四国産）はシス - アサロン *cis*-asarone とわずかなトランス - アサロン *trams*-asarone から成り、Ｂタイプ（北海道、北陸産）はプレイソカラメンジオール preisocalamendiol が主成分でアサロンは少ないです。一方、セキショウは殆んどシス - アサロンだけからなっています。

トピック

端午の節句にはハナショウブ（**図３**）がよく飾られていますが、アヤメ科の植物で、香りはありません。これは、ショウブとそっくりの中央に筋のある葉を持ち、端午の節句の頃に華麗な花をつけるため、ショウブの代役です。

ジンチョウゲ

甘酸っぱい香りで魅了されるも食用厳禁

ジンチョウゲ（**図1**）はよく庭に植えられている高さ1mほどの常緑低木です。葉は濃緑色で長さ6cm、幅2cmほどです。花は2～4月に前年に伸びた枝の先に集まって咲きます（**図2**）。花弁はなく、萼が長さ8mmほどの筒状になり、その先が4裂して広がり、花弁状に見えます。萼は外側が赤紫色、内側が白色なので、花弁状の上面も白色で白い花に見えます。花はよい香りがあり、それが沈香と丁香（別名丁子）のにおいに似ていることからジンチョウゲ（沈丁花）の名前になったとされていますが、においが沈香に似て、花の形が丁子に似ているからという説もあります（**図3**）。中国では沈丁花の名もありますが、一般に呼ばれているのは瑞香（フレッシュな香りの意）です。遠くまで香るので千里香とも呼ばれます。学名のodoraも「香りのよい」という意味です。香りが重要な植物であることがわかります。

雌雄異株で雌花は花後に赤い果実がなるのですが、日本ではほとんど見られません。これは日本には雌株がほとんどないからです。雄株ばかりでは果実、種子ができないので、次の世代の苗ができず、絶滅してしまうのでは……と思えますが、挿し木によって苗は作ることができます。雄株の挿し木ですから、できた苗も全部雄です。こうして、日本は雄株ばかりが植えられています。

中国の中南部からヒマラヤにかけて野生しており、日本には室町時代に雄株のみが渡来し、雌株は近年になり、渡来をしたそうです。

中国ではジンチョウゲの花は瑞香花の名前で薬にします。活血止痛の作用があり、頭痛、歯の痛み、喉や乳房のはれた痛みなどに、葉や根も同様に用います。

ここまで読むとジンチョウゲはよい香りがするし、薬にもなるし、素敵な植物に思えますが、クマリン誘導体のダフネチン daphnetin などを含み、有毒植物です。花、葉、枝、根、果実などすべてが有毒で、誤って食べると嘔吐や下痢を起こし、汁が皮膚につくとかゆみやかぶれを起こします。薬用になるといっても、素人が使うのはやめたほうがよいでしょう。また、枝を剪定するときは手袋をしてください。

図2　ジンチョウゲの花

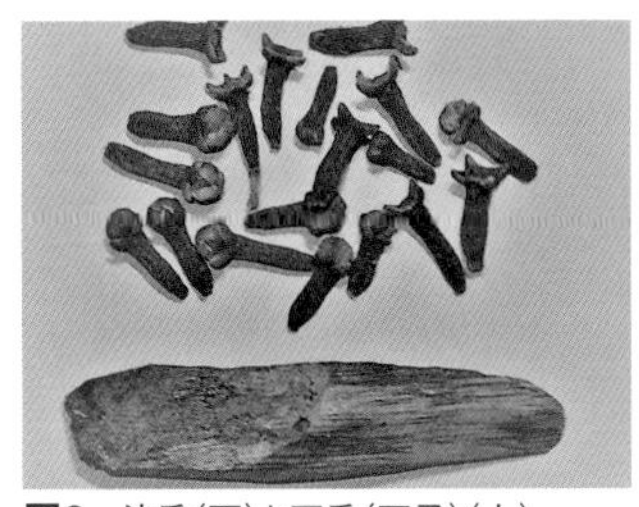

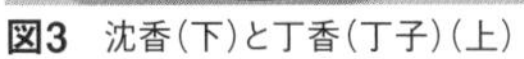

図3　沈香（下）と丁香（丁子）（上）

図1　ジンチョウゲの蕾　（St）

【学名】

ジンチョウゲ　*Daphne odora* Thunb.

【科名】　ジンチョウゲ科

【においの部位とにおいの成分】

花：リナロール linalool、シス -3- ヘキセノール cis-3-hexenol、
シトロネロール citronelol など。

トピック

沈香について。ジンチョウゲの語源のひとつである丁子については本書の別項目で解説していますが、沈香の項目はないのでここで簡単に解説をします。ジンコウはジンチョウゲ科のジンコウ属 *Aquilaria* の常緑高木で、インドから東南アジアに分布をします。*A. agallocha* がその代表です。この木の木部は傷がついたり菌類が寄生をしたりすると、そこを守るために樹脂が分泌されます。この木が倒れて土に埋もれても樹脂の溜まった部分は腐らずに残ります。重くて水に沈むので沈香の名前があり、高級品は伽羅（きゃら）といいます。高温でよいにおいを発するので、加熱をしてにおいを聞きます（香道では嗅ぐとはいいません）。

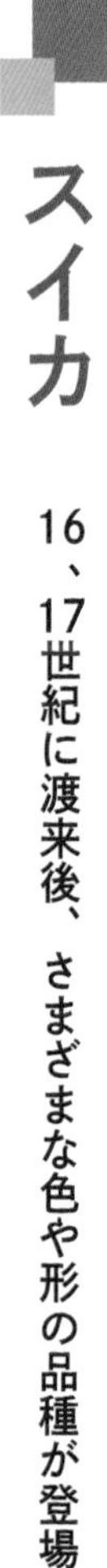

スイカ

16、17世紀に渡来後、さまざまな色や形の品種が登場

スイカ（**図1**）は南アフリカ原産の大型のつる性の一年草です。日本には16世紀にポルトガル人により渡来したとか、17世紀に中国から西瓜の名前とともに渡来したとかの説があります。11～12世紀に描かれた「鳥獣戯画」にウサギがスイカらしい果実を抱えた絵があることから、渡来はそれ以前という説もあります。

中国語の西瓜の発音、シィグァが日本に伝わり、それが転じてスイカの和名になったといわれています。

つるは5mほど伸び、長さ20cm、幅18cmほどになる大きな葉を互生します。葉は2回羽状に深裂しています。葉腋から巻きひげを出し、他物にからんでつるを固定します。初夏に葉腋に花をつけます（**図2**）。花冠はロート形で淡黄色、先は5裂し、径は2.5cmほどです。花には雄花と雌花があり、雌花は子房下位花で、花の下に将来果実になる丸い部分あるのですぐわかります。栽培するときは昆虫の授粉に頼らず、雄花を採って花粉を雌しべにつけますが、雌花は朝の10時以降は授粉しないので、この作業は朝行う必要があります。果実は授粉後45～50日で収穫します。未熟なスイカは果肉が白くて甘くありません。

果実は直径が20cmほどの球形ですが、だ円形のものもあり、また小玉スイカといって、直径が10cmほどのものもあります。果実の外観は緑色の地に暗緑色の縦の模様が入ったものが普通ですが、模様のないもの、全体が暗緑色のもの、黄色のものなどもあります。果肉は多くは赤色ですが黄色い品種もあります。夏に大きな果実がなり、果肉は水分が多く、味は甘く、しかもみずみずしい香りがあり、いかにも夏向きの果実です。

スイカにごく近縁な植物にコロシントウリ（**図3**）があります。北アフリカから熱帯アジアの砂漠地域に自生する植物です。果実の大きさは小玉スイカくらいで、外側の模様、切ったときの香りなどはスイカそっくりです。しかし食べてみるときわめて苦く、含まれているコロシンチンという成分のために下痢をします。こうして果実を動物に食べられないようにしています。この果実は薬用として下剤に使われます。種子は食べられます。

図1 スイカ

図3 コロシントウリ

図2 スイカの花（雄花）（Is）

【学名】

スイカ　*Citrullus lanatus*（Thunb.）Matsum. et Nakai.

コロシントウリ　*C. colocynthis*（L.）Schrad.

【科名】 ウリ科

【においの部位とにおいの成分】

スイカ、コロシントウリの果実：シス -3- ノナン -1- オール cis-3-nonan-1-ol、シス シス -3,6 ノナディエン -1 オール cis,cis-3,6-nonadien-1-ol とこれらのアルデヒドなど。

トピック

スイカには種子がない、種なしスイカというものがあります。これは普通のスイカは染色体が一対の二倍体ですが、これにコルヒチンを作用させると四倍体のスイカができます。この四倍体のスイカを植え、この花の雌しべに普通のスイカの花粉をつけると、果実はできるものの種子は三倍体になり、生育できないために種なしになります。

スイカズラ

花の色が白から黄色に変わることで、金銀花の花名も

スイカズラ（図1）は林の縁や田畑のまわりの低木にからんで、普通に見られるつる性の木本植物です。葉は対生し、葉は冬には枯れますが、暖地では一部が越冬します。葉は卵形から長だ円形で長さは2.5～8cm、幅は0.7～4cmで、葉の縁は平らですが、小さな株の葉はしばしば羽状に切れ込んでいます。花は5～7月に咲き、枝先の節に2個ずつつきます。長さ2.5～3.5cmの筒状で先は広がり、唇のように上下に分かれています（図2）。

花ははじめ白色でのちに黄色になります。そのために花の咲いた株を見ると白い花と黄色い花が混ざっています。花にはよい香りがあり、特に夜に強く香ります。

北海道南部から本州、四国、九州に分布し、朝鮮半島、中国にも生えています。また、19世紀に観賞用としてヨーロッパやアメリカに渡りましたが、野生化して広がるので、場所によっては迷惑な草として嫌われています。私は北アメリカのナイアガラの滝の近くで見たことがありますが、ここでは自然を乱す厄介な植物とされているそうです。

スイカズラは花に蜜があり、花を引きちぎって蜜を吸うことからついた名前です。カズラはつる性植物を意味します。

中国では植物を忍冬、花を金銀花といいます。忍冬は葉が冬を耐えてついていることからの名前で、日本でもこれをニンドウと音読みしてスイカズラの別名にしています。金銀花は黄色と白の花が混ざって咲くことからついた名前です。

スイカズラの花にはジャスミンに似た素晴らしいにおいがあります。この花から精油を取るには含量が少ないために水蒸気蒸留法を使えず、花を石油エーテルで抽出して濃縮後、混在するワックス、脂肪などを除くためにエタノールで再抽出します。しかし生産はほとんど行われていません。

金銀花は黄色ブドウ球菌をはじめ、多くの菌に抗菌作用を示します。漢方では清熱解毒薬といって、寒さではなく、熱による体の不調に効き、喉のはれや疼痛、種々のはれもの、血便に応用します。茎葉も忍冬（日本）、忍冬藤（中国）といって同じ目的で使います（図3）。

図2
スイカズラの花
花冠は上下2つに分かれ、
上のものは先が4裂している

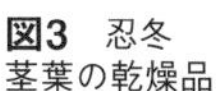

図3　忍冬
茎葉の乾燥品

図1　スイカズラ

【学名】

スイカズラ　*Lonicera japonica* Thunb.

【科名】　スイカズラ科

【別名】　英名：ハニーサックル honeysuckle

【においの部位とにおいの成分】

花：リナロール linalool、リナロールオキサイド linalool oxide、ゲラニオール geraniol、オイゲノール　eugenol など。

トピック

スイカズラのにおいを楽しむなら、スイカズラ茶があります。よく乾いた烏龍茶、紅茶の中に咲きたてのスイカズラの花を混ぜて、しばらく放置して、スイカズラのにおいを烏龍茶、紅茶に移します。家庭でも手軽にできる方法ですので、おすすめです。

スイセン

ギリシャ神話の美しい男性を名前の由来にもつ

スイセンの仲間（スイセン属*Narcissus*の植物）はヨーロッパ南部、北アフリカなどの地中海沿岸地域からアジアの中部まで、約30種が自生し、花が美しいので多くの園芸品種が作られています。学名の*Narcissus*はギリシャ神話に出てくる美男子、ナルシスのことです。ナルシスはあるとき、水を飲もうと思って川を覗いたところ、水の表面に自分の顔が映りました。彼はそれが自分の顔とは思わず、あまりの美しさに恋い焦がれて、ついにやせ細って死んでしまいました。そのあとに生えた植物がスイセンです。そういえばスイセンは水辺で花を下に向けて咲いています

花には6枚の大きな花被片がありますが、その上にカップ状の副冠があるのがこの仲間の特徴です。

スイセンは鱗茎が海流にのって流され、各地に漂着してそこで繁殖するといわれています。確かに日本のスイセン（他のスイセンと区別をするためニホンスイセンともいいます）の名所は、海に近い草原が多いです。はるか地中海から流されて日本で繁殖したとは夢のようですが、実はニホンスイセンは学名に*chinensis*（中国の）とあるように、中国から渡来したようです。渡来時期は平安時代末期、室町時代などの説があります。

ニホンスイセン（**図1**）は関東以南の本州、九州に生え、地下の鱗茎から長さ20～40㎝の帯状の葉を叢生し、その中央から花茎を伸ばし、12月から4月頃に径が3～4㎝ほどの花を数個つけます。花被片は白色、副冠は黄色です。種子はできず、鱗茎で増えます。花の少ない冬に咲き、栽培も容易なのでよく植えられています。

スイセンの仲間はこれ以外にもいろいろと植えられています。我が家でも副冠がペチコートのようなペチコートスイセン（**図2**）や、草丈が15㎝ほどにしかならないテータテート（チタチタ）が咲いています。

なお、スイセンの葉はニラ（**図3**）に鱗茎（**図4**）はタマネギに似ていますが、有毒なアルカロイドが含まれていて、食べると嘔吐、下痢などの中毒をするので、注意をしてください。

図2 ペチコートスイセン
副冠が大きくペチコートのよう

図1 スイセン
花被は白く副冠は黄色い

図3 ニラ

図4 スイセンの鱗茎
外側の暗褐色の部分をむくと小さいながらタマネギに似ている

【学名】

スイセン（ニホンスイセン） *Narcissus tazetta* L. var. *chinensis* M.Roem.

【科名】 ヒガンバナ科

【においの部位とにおいの成分】

花：1,8- シネオール 1,8-cineole、リナロール linalool、
酢酸フェネチル phenethyl acetate、インドール Indole など。

トピック

スイセンの花はよい香りがすると思われていますが、中にはにおいのないもの、とんでもない悪臭のするものもあります。ある女性がスイセンを部屋に飾っておいたら帰ってきた父親が「なんだ、このうんこのにおいは？」と聞いたという話があります。これはおそらくにおいの成分のひとつであるインドールによるものと思われます。
インドールは、大便臭の成分のひとつですが、薄めるとよい香りがし、香りのよいことで知られるジャスミンの成分でもあります。

スギ

太平洋側、日本海側の生育場所で生態が異なる

スギ(**図1**)は常緑高木で針葉樹の一種です。本州、四国、九州の太平洋側に生えています。これをオモテスギともいい、これに対して日本海側に生えるものをウラスギ（アシウスギ）といいます。杉という漢字があるので中国にも生えていそうな気がしますが、日本の固有種で、中国では同じ針葉樹でもモミの仲間に杉の字が使われ、スギは「日本柳杉」の名で植林されています。

スギは高さ40m、直径が２mにも達します。特に鹿児島県の屋久島の高さ５００m以上の山地には巨大な老木が多く、このうち樹齢が１０００年以上のものを屋久杉といい、それより若い木は、小杉と呼んでいます。屋久杉の中の1個体に縄文杉と呼ばれる巨木があります。幹の周囲は１６.４mあり、樹齢は２７００年と推定されています。

ウラスギは多雪地帯に適応したスギで、下部の枝が雪で押されて地面につくと、そこから根を出して新しい苗を作るという性質があります。京都芦生にある京都大学の演習林で見つかったので、アシウスギの名前もあります。

スギは真っ直ぐに育ち、材質も優れているので、盛んに植林され、日本の各地で見られます。数ある針葉樹の中でどれがスギかわからないという人は葉を見てください、葉は多少曲がった針形で、長さは4～12㎜です(**図2**)。

こんな優れた木なのに、スギ花粉症という困った病気の原因にもなっています。これは木が身近に多いうえに風媒花で授粉を昆虫に頼らず、３、４月頃、たくさんの花粉を風で飛ばしてどこにあるかわからない雌花につけるためです(**図3**)。

よく酒屋さんの玄関の上のほうにスギの枝で作った丸い杉玉が飾ってあります。これは奈良県桜井市にあるお酒の神様を祭る大神神社（おおみわじんじゃ）で毎年11月14日になると「おいしいお酒ができるように」という願いを込めて飾ってきたことに由来しているそうです。

スギの葉には０.４～０.９％、材には０.２～０.７％の精油が含まれています。そのためには葉は線香の原料にされ、材で作った樽は日本酒の香りづけに使われています。しかしスギから工業的に精油を採るという作業はないようです。

図2　スギの葉と雌花　(Is)

図3　スギの花粉　(Is)

図1　スギの並木　(Is)

【学名】

スギ　*Cryptomeria japonica*（L.f.）D.Don

ウラスギ　*C. japonica*（L.f.）D.Don　var. *radicans* Nakai

【科名】　ヒノキ科

【においの部位とにおいの成分】

葉：α - ピネン α -pinene、リモネン limonene、サビネン sabinene、γ - テルピネン γ -terpiene など。

材：δ - カジネン δ -cadinene、ゲルマクレン D germacrene D、ツヨプセン　thujopsene など。

【似た植物】

スギにはエンコウスギ、ヨレスギ、メジロスギ、オウゴンスギ、イカリスギ、シダレスギ、ジンダイスギなど、多くの品種があります。一方、外国産ですが、ヒマラヤスギ・レバノンスギ（マツ科）、ナンヨウスギ（ナンヨウスギ科）など、スギと無関係な植物もあります。

スズラン

姿、香りとも可憐な植物だが、猛毒注意

スズラン（**図1**）は草原に生える多年草で、北海道、本州、九州に分布をしています。地下茎を伸ばして株を増やすので、スズランばかりの群落として生えていることが多いです。寒冷な土地を好むために北海道では低地に生えていますが、本州では南に行くに従い、高原に生えるようになります。中部地方以北ではそれほど珍しい植物ではありませんが、近畿以南では極めて稀になり、奈良県の吐山（はやま）、広島県の男鹿山などのスズランの群生地は天然記念物扱いです。南限は九州の阿蘇です。

春、根際から長さ15cm前後、幅５cmほどの卵状長だ円形の葉を出し、その脇から花茎を伸ばし、４月から６月頃に上部に10個ほどの花をつけます。花は白く、下向きのベル形で、先は６つに分かれて広がっています。花にはよい香りがあります。花茎は葉より短く、花は葉に隠れるように咲いています。スズランの別名のキミカゲソウ（君影草）は「私はあなたの下（もと）でひっそりと咲いています」という意味のようです。一方、ヨーロッパに生えているドイツスズラン（**図2**）は学名でvar.以下が違い、スズランとは変種関係にありますが、こちらは葉が大きく、花茎は葉を超え、いかにも強そうです。実際に丈夫でよく育つし、香りも強いので、日本で観賞用に栽培されているスズランはほとんどがドイツスズランです。

花はよい香りがするものの、精油含量は少なく、あの小さな花を水蒸気蒸留の原料に使うほど集めるのは無理です。それで、市販されているスズランの香りの成分は似た香りのいろいろな精油成分を混合して作られています。

北海道や本州の近畿以北の山地に生えるギョウジャニンニク（ネギ科）（**図3**）はニンニクに似た強いにおいがあり、味もよいので、人気のある山菜です。花はニンニクやネギに似てスズランとは似ていませんが、群生する様子や葉の形が何となくスズランに似ています。そのためにギョウジャニンニクと間違えてスズランを食べて中毒をする事故が起きています。

ただ、スズランの有毒成分は食べたり飲んだりしたときに有毒なので、スズランを触っても問題はありません。

図2 ドイツスズラン

図1 スズラン

図3 ギョウジャニンニク

【学名】

スズラン *Convallaria majalis* L. var. *manshurica* Kom.

ドイツスズラン *C. majalis* L. var. *majalis*

【科名】 ユリ科、APG 分類ではクサスギカズラ科

【においの部位とにおいの成分】

花：シトロネロール citronellol、ネロール nerol、

桂皮アルコール cinnamic alcohol、リナロール linalool など。

トピック

スズランかドイツスズランか確かめるには花の中を覗いてください。雄しべの付け根の部分が白ければスズラン、赤ければドイツスズランです。

スズランもドイツスズランも猛毒です。全草にコンバラトキシンという強心配糖体が含まれており、心臓を収縮する作用があります。量が多いと、心臓は収縮したまま止まってしまいます。スズランを挿した花瓶の水を飲んで中毒した例もありますので、注意が必要です。

ゼラニウム

葉にはバラの芳香成分が含まれる

ゼラニウムというと、芳香のある植物というイメージがありますが、香りではなく、花を観賞するグループなどいろいろな種類があります（**図1**）。ここでは葉にバラの香りがあるローズゼラニウムについて書いてみます。

ローズゼラニウム（ニオイテンジクアオイ。**図2**）は南アフリカ原産の常緑低木で、17世紀の後半にヨーロッパに導入されました。高さは1mほどになります。花は茎頂に数個つきます。ひとつの花は左右対象の五弁花で花弁は薄いピンク色、上部の2弁には赤紫色の模様があります。香りは特にありません。

葉は縦横、数cmでまばらに毛が生え、羽状に切れ込んでいます。この葉をもむと強いバラの花の香りがして、はじめて経験した人は驚くようです。葉1枚をコップに入れて熱湯を注ぐだけで、香りのよいローズウォーターになるそうです。関東より西の温かい土地なら冬でも外で越冬しますので、大いに利用したい植物です。

ゼラニウムの名前はフウロソウ属（*Geranium*）の学名に由来します。昔は、ローズゼラニウムはフウロソウ（**図3**）やゲンノショウコ（**図4**）などと一緒にフウロソウ属に属していました。しかしその後、5枚の花弁がゲンノショウコのように放射状につくものをフウロソウ属にし、ローズゼラニウムのように花が左右対称のものをテンジクアオイ属（*Pelargonium*）にしました。そのために学名は*Pelargonium* に変わりました。この属の葉にはハッカ、レモン、リンゴ、シナモンなどの香りのするものがあります。一方、テンジクアオイ属の抜けたフウロソウ属の葉には香りはありません。

テンジクアオイ属の植物は一年草、多年草、低木があり、主に熱帯、亜熱帯に生育しています。園芸植物になったもののほとんどは南アフリカ原産の植物の交配で生まれたもので、約20種の原種から数千の品種が誕生したそうです。

ややこしいことに、こうして誕生した品種をすべて〇〇ペラルゴニウムと呼んでくれればいいのに、日本で栽培されているほとんどの品種は〇〇ゼラニウムと呼ばれています。

図4 ゲンノショウコ
東日本では白花、西日本では紅花が多い

図1 観賞用ゼラニウム（Is）

図3 ハクサンフウロ（Is）
本州中部以北に生える高山植物

図2 ローズゼラニウム
花は左右相称で花弁は上2枚と下3枚で形状が異なる

【学名】

ローズゼラニウム（ニオイテンジクアオイ）

Pelargonium graveolens（Thunb.）L'Hér. = *P. capitatum*（L）L'Hér. ex Ait.

【科名】 フウロソウ科

【別名】 英名：rose geranium、rose-scent geranium など。

葉から簡単にバラのにおいが採れるので poor-man's rose（貧乏な男のバラ）ともいう。

【においの部位とにおいの成分】

茎葉：シトロネロール citronellol、ゲラニオール geraniol、
リナロール linallol など。

トピック

学名に使われているラテン語は発音に決まりはありません。各国で勝手な発音をしています。たとえば *Geranium* はイギリスではジュレイニアムというような発音ですが、日本ではローマ字の発音に従ってゲラニウムと言っています。ところが一般用語では ge をゼと言うことが多く、geranium はゼラニウムという発音になります。

セリ

香りと歯触りで鍋物に人気

セリ（**図1**）は小川の縁、田んぼのあぜなどの浅瀬に生える多年草で、高さは20～50 cmほどで茎は中が空洞です。葉は三出複葉、すなわち葉柄が3つに分かれ、多くはさらに分かれてその先に小葉をつけます。小葉は長さ1～4 cmほどの菱形～卵形で、荒い鋸歯があります。茎も含めて無毛です。花は7～8月に咲きます。茎頂から5～15本の枝を放射状に出し、それぞれの枝先に10～30個の小さな花をつけます。花は白色の5弁花です。

地下には長い地下茎があり、シロネグサの別名があるように、地下茎の各節から白くて細い根を多数出しています（**図2**）。

セリという名前は湿地の中に多数の株が競り合うように生えていることからついたようです。食用として身近な植物なので、いろいろな名前があり、野生のセリを「山ぜり」あるいは「野ぜり」、水を張った土地で栽培したものを「田ぜり」、畑で栽培したものを「畑ぜり」などと呼んでいます。

日本全国に自生しており、また、歯ごたえがよく、香りもよいので野菜として栽培もされています。海外ではアジアの温帯から熱帯、オーストラリアに分布をしています。

セリというと必ず問題になるのがドクゼリです。セリと同じように日本全国の湿地に生え、全草に猛毒なシクトキシン cicutoxin を含み、うっかり食べると30分以内に下痢、嘔吐、腹痛、めまいなどの症状が現れ、呼吸困難になり、最悪の場合は死に至ります。

でも、セリとドクゼリには大きな違いがあり、区別をすることは可能です。ドクゼリは高さが1 mにもなる大型の草で、小葉も長さが3～8 cmあります。またドクゼリにはセリのような香りがありません。一番わかりやすい違いは地下茎です。茎を掘ってみると地下に太い地下茎があり、縦に切るとまるでタケノコのように節があります（**図3**）。こういうことから間違える心配はまずありませんし、事故もほとんど起こっていませんが、セリぐらいの小さな苗が混ざっていることも考えられますので、セリの採取をするときは注意をしてください。

図2 セリの地下茎と根 (Is)

図3 ドクゼリの地下茎断面図 (Is)

図1 セリ (Is)

【学名】 セリ *Oenanthe javanica*（Blume）DC.

【科名】 セリ科 **【別名】** シロネグサ

【においの部位とにおいの成分】

全草：カリオフィレン caryophyllene、α - テルピノレン α -terpinolene、リモネン limonene、α - ファルネセン α -farnesene、γ - テルピネン γ -terpinene など。

【似た植物】

ドクゼリ *Cicuta viorosa* L.。ただし、セリ科であることと水辺に生えることは似ていますが、本文に書いたように姿は似ていません。

トピック

1月7日の朝に、7種の野菜が入った「七草粥」を食べると万病を除くといわれました。この7種を「春の七草」といいます。鎌倉時代の『河海抄（かかいしょう）』に「せり（現代のセリのこと。以下同じ）、なづな（ナズナ）、おぎょう（ハハコグサ）、はこべら（ハコベ）、ほとけのざ（コオニタビラコ）、すずな（カブ）、すずしろ（ダイコン）、これぞ七種（ななくさ）」と詠まれています（植物名は原文では漢字です）。

タイム（タチジャコウソウ）

古代よりその薬用成分が注目される

タイム thyme はシソ科イブキジャコウソウ属 *Thymus* の英語名です。この属はヨーロッパ、アジア、アフリカに分布し、似たものが多くて何種あるのか諸説ありますが、35種類というのが妥当なようです。このうちハーブとして重要なのは南ヨーロッパ原産の common thyme です。日本名はタチジャコウソウですが、単にタイムとも呼ばれていますので、ここでもタイムで書いていきます（**図1**）。

タイムは明るい場所を好み、高さは30㎝ほどの植物で草のように見えますが、茎は細くても木化をしており、常緑の小低木です。葉は茎に対生してつき、一枚の長さは0.5～1㎝ほどです。5～6月頃、茎の先端に長さ3㎜ほどの淡紅色～白の花が群がって咲きます（**図2**）。葉には香りがあり、茎葉を水蒸気蒸留して得られる精油をタイムオイル、チミアンオイルといいます。

タイムはいろいろな環境に適応して育つので、ヨーロッパを中心に広く栽培され、品種は100種以上もあるそうです。日本には明治の初めに渡来し、観賞用、薬用、料理の香りづけ用として栽培されています。

薬としては咳、喉のはれ、消化不良、下痢などに使います。すでに古代ギリシャ・ローマ時代に葉をいぶして空気の浄化に使われたそうです。葉の精油の主成分であるチモールは抗菌作用が強いです。

タイムの香りは肉や魚の臭みを消すので、これらの料理に使い、また精油は殺菌作用があるので、ハムやソーセージ、また石けん、歯磨きなどにも使います。

日本にはタイムの仲間として属名のもとになっているイブキジャコウソウが自生しています（**図3**）。関西の名山である伊吹山で見つかり、よい香りがするのでジャコウの名前がつきました。

イブキジャコウソウは北海道から九州までのやや涼しげな土地の日当たりのよい岩場に生えています。私は信州の別荘地の家の石垣に野生しているのを見ました。茎は地表をはって先端が立ち上がるので高さは10㎝ほどです。タイムと同様の成分を含み、よい香りがあり、料理などに使えますが、地を覆う性質があるので、明るい庭のグランドカバーに向いています。

図2 タイムの花

図1 タイム（タチジャコウソウ）

図3
イブキジャコウソウ

【学名】

タイム（タチジャコウソウ） *Thymus vulgaris* L.

イブキジャコウソウ

T. quinquecostatus Celak. var. *ibukiensis*（Kudô）H.Hara

【科名】 シソ科

【においの部位とにおいの成分】

タイムの茎葉：精油含量 0.2 ～ 0.5%、チモール thymol、カルバクロール carvacrol など。

トピック

イブキジャコウソウの発見地、伊吹山は滋賀県にあり、標高が 1400m にもならない低い山ですが、石灰岩の山であることと冬に日本海側から吹きつける強風のために山頂付近は樹木が育たず、北方系の高山植物、亜高山植物が生えています。それに加えて 1558 年（室町時代）に織田信長がポルトガル人の宣教師に頼まれて薬草園を作り、ここに多くの外国産の薬草が植えられたために、伊吹山は薬草で有名な山になりました。

チャ（チャノキ）

さまざまな茶は製法の違いによる

チャ（**図1**）は茶畑に栽培されている常緑樹で、高さは葉を採取するために1m以下ですが、放置をすれば1～2m、さらに大きくもなるそうです。葉はだ円形で長さ5～9cm、幅2～4cmで周囲に浅い鋸歯があります。若葉は黄緑色ですが、成長したものでは光沢のある暗緑色になります（**図2**）。花は10～11月にやや下向きに咲き、径が2～3cmで白い5～7枚の花弁と多数の雄しべが目立ちます（**図3**）。果実は径が1.5～2cmの球形で、熟すと3裂し、それぞれにほぼ球形の種子が1、2個入っています。

チャは中国原産で日本には奈良時代に導入されたようですが、飲み物として一般化したのは鎌倉時代の僧侶の栄西（ようさいとも読む）が中国の宋に渡り、茶について勉強をし、帰国後に『喫茶養生記』を書いてからです。ここには茶の効能が書かれています。

緑茶は葉を蒸してから乾燥したもので、酸化酵素が働かず、葉が緑色のままなのでこの名があります。日よけで日光を遮った状態で育てた若葉から作ったものを玉露、日よけを用いず5月上旬に若葉を摘んだものを煎茶、これより遅い時期に収穫したものを番茶といいます。

茶の渋味はタンニン tannin です。タンニンはたんぱく質を凝固させる働きがあり、濃いと舌がおかしくなります。

ほうじ茶は煎茶や番茶を高温で煎ったものをいいます。アミノ酸と糖が加熱されてできるピラジンの香ばしいにおいがします。

紅茶は葉を蒸さないで酵素を働かせたあとに乾燥したもので、新鮮な葉を思わせるヘキセノールが消え、リナロール、ゲラニオールなどの芳醇な香りが引き立ちます。含まれているタンニンが酵素により酸化されて赤褐色になるために紅茶と呼んでいますが、英語ではブラックティー（black tea。黒い茶の意）と呼ばれています。ヨーロッパで大いに好まれ、最初は中国から輸入しましたが、インドのアッサム地方で樹高が10m以上になり、葉も大きいチャの変種、アッサムチャが見つかり、今ではこれが原料になっています。なお、中国にはチャの葉を発酵の途中で蒸して酵素の働きを止めた烏龍茶があります。

図1　茶畑のチャ　(St)

図3　茶の花　(Is)

図2　茶の葉と果実

【学名】

チャ(チャノキ)　*Camellia sinensis* (L.)Kuntze var. *sinensis* (=*Thea sinensis* L.)

アッサムチャ　*C. sinensis* (L.) Kuntze var. *assamica* (Choisy) Kitam.

【科名】　ツバキ科

【においの部位とにおいの成分】

葉：3- ヘキセノール 3-hexenol、リナロール linalool、

ゲラニオール geraniol。

なおほうじ茶の香りのピラジン pyrazine は加熱で生成した成分で、天然物ではありません。

トピック

茶の香り以外で最も重要な成分はカフェイン caffein で、1～5％含んでいます。大脳に作用して眠気や倦怠感を去り、腎臓に作用して利尿作用を示します。

カフェインは1820年にコーヒー豆からはじめて取り出されました。飲むと頭をすっきりさせる作用が魅力的で、カフェインを含むコーヒー、茶、ガラナ、マテ茶、コーラーナッツなどが飲み物の材料になっています。

チョウジ（クローブ）

その昔、世界経済を動かした芳香植物

ヨーロッパ諸国が植民地を求めて航海をしていた時代、そのひとつの目的が国に莫大な利益をもたらす有用植物の発見でした。チョウジはそのひとつです。

チョウジ（図1）は熱帯圏に生育する常緑樹で、つぼみを香料、医薬として使います。ヨーロッパには紀元前から中国人やアラビア人により運ばれ、どこに生育する植物か知らないまま高価で取引されていました。16世紀になり、その蕾の原料植物を求めてヨーロッパから東南アジアへ航路が開拓され、1511年にポルトガル船がモルッカ諸島で原料植物のチョウジを発見し、その後ポルトガルが香料貿易を支配しました。17世紀の初めにはモルッカ諸島はオランダ領になり、オランダ政府はモルッカ諸島のアンボイナ島のみにチョウジの栽培を限定し、他の島のものは全部抜き捨てさせました。こうして独占的な利益を得ていましたが、18世紀になるとフランス人がひそかに苗を持ち出し、東アフリカの島々で栽培を始めました。現在の丁子（ちょうじ）の主な産地は東南アジアと東アフリカの島々です。

チョウジは枝の先に多数の花をつけます。花は長さ1～1.8㎝の柱状で、上端に4枚の厚い萼片と4枚の乳白色で膜質の花弁があります。花が開くと花弁はすぐ落ち、多数の白色の雄しべが現れます。生薬や香料にする丁子はつぼみの時期のものを採集して乾燥します。水蒸気蒸留をして得た精油も丁子油として利用されます。葉や枝にも含有量は低いものの精油が含まれていますので、これも丁子油の原料にされます。

丁子（図2）は強いにおいと焼くような味があります。肉のにおいを消すために、肉塊やソーセージに何本か刺して加熱するという使い方があります。また、オレンジに刺したものをポマンダー（図3）といい、室内や自動車内につるして香りを楽しむとともに虫よけにします。ゴキブリはこのにおいが大嫌いだそうです。たんすにつるして衣服に香りをつけるという使い方もあります。丁子の粉末も芳香性健胃薬にしたり、カレーや肉料理に使うソースの香りづけに使ったりします。

ただし、主成分のオイゲノールは刺激が強く、皮膚につくとピリピリすることがあるので注意をしてください。

図1　チョウジの花　左側のつぼみの状態のものが丁子になる

図3　ポマンダー
オレンジに丁子を挿してある

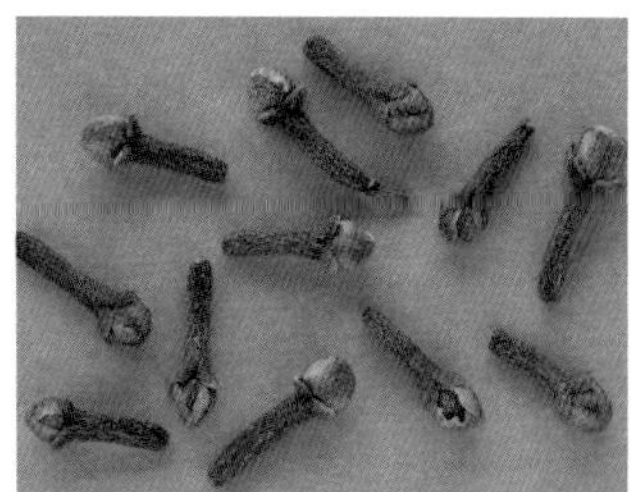

図2　丁子

【学名】

チョウジ

Syzygium aromaticum Merr. et Perry（= *Eugenia caryophyllata* Thunb.）

【科名】　フトモモ科

【においの部位とにおいの成分】

つぼみ（丁子）: 精油 15 ～ 20%を含み、オイゲノール eugenol（70 ～ 90%）、カリオフィレン caryophyllene、フムレン humulene などよりなります。精油は量は少ないが茎葉にも含まれています。

トピック

丁子は漢字で丁字、丁香とも書きます。丁はくぎのように上が広がった棒を意味します。英名のクローブ clove もフランス語で釘を意味する clou が語源だそうです。日本では成分の eugenol を薬学系はドイツ語読みをして、「オイゲノール」、医学系は英語読みして「ユージェナール」ということが多いです。

テイカカズラ

可憐な見た目にそぐわぬ有毒植物

テイカカズラ（図1）は常緑のつる性木本植物で、茎から気根を出して木の幹や岩肌に張りつき、よじ登っていきます。高さは十数mに達し、発達をした木では下部の茎は径が5cmほどになります。葉は対生し、革質で、若いつるでは長さ1～2cmで脈に沿って白い筋が入りますが、成木では長さ3～7cmほどになり、全体が濃緑色です。葉の裏はほとんど無毛です。なお若葉に白と紅の斑が入る品種があり、ハツユキカズラといいます。

花（図2）は5～6月に咲き、長さ7～8mmある花筒の上端が広がって5つの花弁状の裂片になり、径が2cmほどの白い花になります。花にはジャスミンに似たさわやかな香りがあります。果実は細長く、長さが15～25cmで通常1か所から2個がぶら下がっています。中には長さ1.3cmほどの細長い種子が入っています。種子の片側には長い冠毛があり、風にのって飛んでいきます。

テイカカズラのテイカは平安・鎌倉時代の公家で歌人である藤原定家（ふじわらのさだいえ）（または、ていか）のことで、好きだった式子内親王との恋が実らず、忘れられなかったので、彼の死後にこの植物になって内親王の墓石にからんだという言い伝えがあります。

本州（秋田以西）、四国、九州の山野に自生をしており、庭にも観賞用として植えられています。外国では朝鮮半島に分布をしています。

このほかテイカカズラの変種に花も葉も大きいチョウジカズラが千葉県以西の本州太平洋側、四国、九州の海岸近くに、花が少し小さいリュウキュウテイカカズラが沖縄に生えています。

ケテイカカズラはテイカカズラによく似ていますが、名前のとおり葉の裏に毛が多いです。テイカカズラとの大きな違いは花筒にあります。花筒は上部が太く下部が細いのですが、テイカカズラでは細い部分の長さが太い部分の約2倍あるのに対して、ケテイカカズラでは太い部分と細い部分はほぼ同長です

本州（近畿以西）、四国、九州、沖縄に自生をしており、外国では台湾、中国大陸に分布をしています。

図1　テイカカズラ

図3　茎の切り口から出た乳液　(ls)

図2　テイカカズラの花

【学名】

テイカカズラ

Trachelospermum asiaticum（Siebold et Zucc.）Nakai var. *asiaticum.*

ケテイカカズラ　*T. jasminoides*（Lindl.）Lem. var. *pubescens* Makino

【科名】　キョウチクトウ科

【においの部位とにおいの成分】

両種の花：成分はケテイカカズラの母種である中国産のトウテイカカズラ（中国名：絡石）の研究からトランス－ネロリドール trans-nerrolidol とα - フェランドレン α -phellandrene、あるいはシトロネロール citronellol と思われます。

トピック

植物は内服で下痢や嘔吐、濃ければ心臓麻痺や呼吸麻痺を起こし、皮膚につくと炎症を起こすトラチェロシド tracheloside などの有毒物質を含んでいます。決して口に入れず、植物を切ると出てくる白い汁**（図 3）**が皮膚についたり、目に入らないように注意をしてください。

トウモロコシ

におい成分には口臭と同じ成分も

トウモロコシ（**図1**）は茎が直立し、ときには高さが4mにもなる大型の一年草です。南アメリカの北部原産で、コロンブスが15世紀の末にスペインに持ち帰りました。日本にはポルトガル人によって16世紀の中頃に渡来しました。トウモロコシのトウは唐を意味しているようで、外国由来の植物を唐由来と思ったためのようです。中国名は玉蜀黍、玉米などです。

今では人間の食糧として以外にも、青刈りした茎葉が家畜用の飼料として大量に使われています。

葉は長さが1m、幅が8cmほどあり、茎に互生し、ほぼ左右につきます。雄花（**図2**）は茎の先の多数の細い花序につきます。雌花（**図3**）は葉の腋から出た肉質の太い花序につき、それを大きな葉状の総苞（そうほう）が包んでいます。総苞の上からは長い毛が出ていますが、これは雌花から伸びた雌しべの先端です。この毛の先に花粉がつくと雄核が移動して雌しべの基部まで行って授精し、実ができ、たくさんの実が縦に何列にもなって並びます。実はタネ（種子）を薄く包んでいます。澱粉のあるのは種子の胚乳部分です。

トウモロコシは非常に有用な植物なので、いろいろな栽培品種があります。よく聞く名前はスウィートコーン、ポップコーン、デントコーンです。スウィートコーンは胚乳に砂糖を多く含み、甘味が強くて生食用や缶詰にします。ポップコーンは外側全体がかたく、中は水分が多いので、加熱をすると水分が水蒸気化して圧力が高まり、急にはぜる種類で、爆裂種ともいいます。デントコーンは周囲がかたく、中央は柔らかくて上部が凹んでいて馬の歯のようなので、ウマノハトウモロコシ、馬歯種ともいいます。澱粉（コーンスターチ）の原料にするほか、背の高い植物で植物体とともに家畜の飼料にします。

トウモロコシには多くの成分が含まれていますが、特徴的なのはジメチルスルフィドです。この成分は海苔（のり）の香り、磯の香りというよいイメージもありますが、なんと口臭の原因成分でもあります。汗をかくとトウモロコシのにおいがする、脇の下がトウモロコシのにおい、犬の足の裏がトウモロコシのにおいなどといわれます。ジメチルスルフィドか、これに似た成分ではないかと思われます。

図2 トウモロコシの雄花の穂

図3 トウモロコシの雌花部分
毛のように見えるのは雌しべ

図1 トウモロコシ
上に雄花の穂、下に雌花が見られる

【学名】

トウモロコシ　*Zea mays* L.

【科名】

イネ科

【においの部位とにおいの成分】

成熟した雌花穂：特徴的なにおいはジメチルスルフィド dimethyl sulfide という硫黄を含んだ化合物。

トピック

トウモロコシの品種にストロベリーコーンといって花序が短く、そこに赤い実がつくのでまるで大粒のイチゴのように見えるものがあります。私は興味を持って庭に一株植えてみました。けれど大失敗でした。トウモロコシはまず雄花が咲いて、それが枯れてから雌花が咲くので、一株だけ植えておいても受粉できず、実がならないのです。

ドクダミ

独特の臭気も乾燥すれば無臭に

　ドクダミは日本の本州から沖縄まで生え、中国、ヒマラヤ、東南アジアに分布する多年草で、日本では庭や家のまわりの半日陰の場所によく見られます**（図1）**。6～7月頃に咲く直径が3cmほどの白い「花」はなかなかきれいですが、あんがい嫌われる植物です。それはドクダミという毒のような怪しげな名前、葉を潰すとにおってくる悪臭、それに地下茎を伸ばしてやたらと増える性質などによるものです。

　なお、白い「花」と書きましたが、あの白いものは花ではなくて、たくさんの花が集まった花の枝（花序(かじょ)）です。中央から伸びている部分が花の穂で、ここにたくさんの花がついています。ひとつの花は白くて先が曲がった3～4個の細い雌しべと、それを取り囲む3～8本の雄しべからなっており、花弁や萼片はなく、1枚のごく小さな苞がついています**（図2）**。これでは地味で花粉を媒介する虫が来てくれませんので、下の方の数個の花の苞を大きく花弁状にしたのが、ドクダミの「花」です。少し上の花の苞まで花弁状になったのが、八重ドクダミです**（図3）**。

　ドクダミを切ったり潰したりしたときに発生するあの悪臭は、デカノイルアセトアルデヒドなどです。アルデヒドは多くの菌に抗菌作用を示し、特に化膿菌（黄色ブドウ球菌）に対する作用は強いので、化膿性のはれもの（吹き出物、おでき）に、潰したり、火であぶったりして柔らかくした葉を塗るというのは正しい療法です。

　ドクダミの茎葉を乾燥したものも薬として重要で、十薬、重薬（読み：ともにじゅうやく）といいます。十の薬効があるから十薬、重要な薬だから重薬と書くのだという説があります。ただ、あの悪臭は空気中に逃げやすいことと、アルデヒドは容易に酸化されて無臭になることから、乾燥した植物にはにおいがありません。日本の医薬品の基準書、『日本薬局方』には十薬は「ほとんど無味無臭である」と書いてあります。そのために抗菌作用はありませんが、含まれているケルセチンなどのフラボノイド類やカリウムイオンの働きで、便通をよくする作用、利尿作用、血圧を下げる作用があります。

図1　ドクダミ

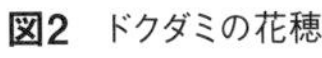

図2　ドクダミの花穂

図3八重ドクダミ

【学名】　ドクダミ　*Houttuynia cordata* Thunb.

【科名】　ドクダミ科

【においの部位とにおいの成分】

全草：デカノイルアセトアルデヒド decanoylacetaldehyde、ラウリルアルデヒド laurylaldehyde など。

【似た植物】

ツルドクダミ *Fallopia multiflora* (Thunb.) Haraldsonという植物がありますが、これは葉の形がドクダミに似たつる性の草で、タデ科に属し、ドクダミとは無関係でにおいもありません。中国原産の帰化植物です。

トピック

私は若い頃に、あの繁殖力旺盛なドクダミは他の植物の生長を抑える物質を出しているのではないかと調べたことがあります。十薬の抽出液を若い植物にかけたところ、なんとその植物は逆によく育ちました。有効成分は硝酸カリウムで窒素肥料とカリ肥料を兼ね備えた成分でした。あまりにもあたりまえの結論なので学会での発表はやめました。

トベラ

花はクチナシのような芳香、葉、樹皮は強烈な臭気

トベラ**（図1）**は海岸に生える常緑の低木または高木で、高さは2～3ｍですが、大きなものでは8ｍにもなるそうです。多くの枝を出してこんもりと茂っています。葉は長さ5～10㎝、幅2～3㎝ほどで先は丸く、縁も鋸歯などはなく、少し裏側に巻いています。表面は光沢があり、中央に白い脈が見えます。花は直径2㎝ほどで、咲きはじめは白く、のちに黄色くなる5枚の花弁からなり、4～6月頃、枝の先に集まって咲きます**（図2）**。雌雄異株で雄株と雌株があります。しかしこれは疑わしいとする説もあります。ひとつの木でも雌しべが発達する年と発達しない年があり、前者を雌株、後者を雄株と呼んでいるというのです。

雌花は授粉して直径1～1.5㎝ほどの球形で黒褐色の果実になり、秋になると3裂し、種子が見えます。種子は長さ7㎜ほどで赤く、粘液に包まれてベトベトしています**（図3）**。学名の*Pittosporum*はpitto（ピッチ：コールタール）＋sporm（種子）でこの種子の状態を表します。

本州（太平洋側は岩手県以南、日本海側は新潟県以南）、四国、九州、沖縄の海岸に生え、また、丈夫で栽培しやすく、庭や公園によく植えられています。

花にはクチナシに似た芳香があります。一方、葉、樹皮、根皮はそのままでは無臭ですが、破いたり、むいたりすると、強い臭いを発します。トベラは英語でtobiraの名とともにJapanese cheesewood（日本のチーズの木）と呼ばれているようにチーズに似たにおいです。

このにおいが悪魔を払うと信じて、昔は節分にトベラの枝をイワシの頭と一緒に扉に飾り、魔除けとする習慣がありました。そのために扉の木と呼ばれ、これが現在のトベラという植物名になったとされています。

図2 トベラの花

図3 トベラの果実
3つに割れて赤い種子が見える

図1 トベラ (Is)

【学名】 トベラ *Pittosporum tobira*（Thunb.）W.T.Aiton

【科名】 トベラ科　**【別名】** トビラノキ

【においの部位とにおいの成分】

花：酢酸ベンジル benzyl acetate など。

葉、樹皮、根皮：葉や皮を傷つけたときに発する悪臭の研究論文は見つかりませんでしたが、チーズに似たにおいなので酪酸（らくさん） butyric acid やこれに近い炭素鎖の短い脂肪酸と思われます。

トピック

女性で「すそわきが」といって陰部がにおう人がいます。このような人をトベラといいますが、下品な隠語です。男性でも同様な症状になる人がいます。

どのようなにおいかというと、納豆のようなにおい、ネギのようなにおい、腐ったヨーグルトのようなにおい、酸っぱいにおいなどいろいろいわれていますが、チーズのようなにおいともいわれます。この点は確かにトベラと似ています。においが気になる人は洗って清潔にする、脂肪酸があるとにおいが強まるので、食事で脂肪をとりすぎないようにする、デオドラント剤を使うなどしてください。

トマト

もともとは観賞用、食用は第2次世界大戦後から

トマト（**図1**）は南アメリカのアンデス地方が原産の植物で、日本のような温帯では一年草ですが、熱帯では多年草です。16世紀頃ヨーロッパに伝わったようです。日本には18世紀の初め頃にオランダから導入されました。和名はトマトの他にアカナスともいいます。

草丈は1～1.5ｍほど。葉は5～9枚の小葉からなる羽状複葉です。小葉は卵形で長さは数㎝あります。茎の上部の葉腋に花茎を出し、10個前後の花をつけます。花冠はさかずき形で、上部は5裂して、径が2.5㎝ほどの黄色の花になります（**図2**）。果実は熟すと赤くなりますが、黄色のものもあります。

日本に渡来したはじめは観賞用で、食用として使い出したのは明治時代になってからです。大量に消費されるようになったのは、食の欧米化が進んだ第二次世界大戦後だそうです。

果実の大きさは品種によりいろいろです。ヨーロッパでは重さが30～60ｇの中玉トマトが好まれたようですが、日本では100ｇ以上ある大玉トマトがもっぱら食べられていました。重さが10～30ｇほどのミニトマト（チェリートマト Cherry tomato。**図3**）も切らずに食べられる便利さがあり、最近はかなり食べられています。

大玉トマトはリンゴのような赤くて大きな果実なのに果物屋で売られず、野菜として八百屋で売られているのは、香りが青臭く、味が甘くなく、酸っぱいためです。

あの赤い色素はカロチノイド系のリコペン（lycopene リコピンともいう）です。リコペンは強い抗酸化作用を持っていて、がんの予防効果や血流の改善、肌の抗老化作用、美白作用などが期待されます。リコペンは皮の近くに多いため、トマトを食べるときは皮ごと食べるのがよいでしょう。またリコペンは油に溶けるために、料理には油を少し使ったほうがよいと思います。リコペンはミニトマトに多いようです。

トマトの酸味はクエン酸によるもので、疲労回復の効果があります。

図1　トマト　大玉（右）と中玉（左）。果実の大きさは品種によりさまざま

図2　トマトの花　（ls）
径が2.5cmほどの黄色の花

図3　ミニトマト

【学名】

トマト（アカナス）

Solanum lycopersicum L.（= *Lycopersicon esculentum* Mill.）

【科名】ナス科

【においの部位とにおいの成分】

果実 :300 以上のにおいの成分が明らかになっています。青臭いにおいはヘキサナール hexanal、ヘキセナール hexenal などの炭素 6 個の鎖状化合物、芳香は α - ヨノン α -ionone、シトラール citral など、調理後のにおいにはジメチルスルフィド dimethylsulfide などの硫黄を含んだ成分が関与しているようです。

トピック

トマトに含まれるアルカロイドのトマチン tomatine は有毒です。花や葉に多く含まれ、青い果実ではぐっと少なく、完熟果にはほとんど含まれません。症状としては下痢や腹痛を起こします。青くてもほぼ成熟したトマトの毒性はそれほど強いものではありません。人体に影響するのは 33 kg ほど食べたときという報告がありました。でも、青いトマトは追熟し、赤くなってから食べてください。

ニオイアヤメの仲間

根には高価な芳香成分

日本にはアヤメ属の植物としてアヤメ、カキツバタ、ノハナショウブなど9種類が自生しています。これら日本産のものの根茎には香りがありません。ところがヨーロッパにはシロバナイリス、ドイツアヤメ、シボリイリスなど、根茎を乾燥するとニオイスミレに似たよい香りのするものがあり、香料原料として盛んに栽培されています。このうち、日本ではシロバナイリス、シボリイリスをニオイアヤメと呼んでいることが多いので、ここでは全体をまとめてニオイアヤメの仲間として紹介します。

シロバナイリス**（図1）**は多年草で、葉は根生して2列に生え、幅は2.5～4cm、長さは生長すると30～70cmになり、先はとがっています。地下には太い根茎がはうように伸びています。花は春から初夏に咲き、高さ40～100cmの茎の先に数個の花がつきます。ほかのアヤメ属*Iris*植物と同様に、内外3枚ずつの花被片があり、外花被片は大きく、横に広がり、内花被片はやや小型で直立しています。花の色は白です。日本には明治の前の慶応時代に渡来したそうです。シロバナイリスはドイツアヤメの変種、あるいは栽培品種とみなされています。

ドイツアヤメ（ジャーマンアイリス）**（図2）**はシロバナイリスより茎の高さがやや高く、花は紫色です。このドイツアヤメは交雑により作られたとされており、その親のひとつはシボリイリスです。日本には明治の初めに渡来しました。シボリイリス**（図3）**はヨーロッパに自生する植物で花は淡青紫色です。

これら3種の植物は外花被片の基部の中央に短い毛がブラシのように生えているという特徴があります。アヤメ属*Iris*はアジアの温帯を中心に150～300種（文献により数が違う）ほどが生育し、花のきれいなものが多く、根茎で容易に移植できるので盛んに栽培されており、栽培中にいろいろな品種が生まれて種類が増えています。しかも日本では〇〇アヤメ、〇〇ショウブ、〇〇イリス、〇〇アイリスなどのいろいろな名前で呼ばれています。ドイツアヤメには英語のカタカナ書きのジャーマンアイリスの名前もあります。こんなことからアヤメ属は文献を調べるのがたいへんな植物です。

図1 シロバナイリス 花は白色

図2 ドイツアヤメ
花は紫色

図3 シボリイリス
花は淡青紫色（藤色）

【学名】

シロバナイリス

Iris florentina L. = *I. germanica* L.var.*florentina*（L.）Dikes = *I. germanica* ‘Florentina’

順に独立種としたときの学名、ドイツアヤメの変種としたときの学名、栽培品種としたときの名前です。

ドイツアヤメ *I. germanica* L.

Iris 属植物の雑種と考えるときは *germanica* の前に × 印をつけ *I.* × *germanica* とします。

シボリイリス *I. pallida* Lam.

【科名】 アヤメ科

【においの部位とにおいの成分】

上記３種の根茎：イロン irone、ベンジルアルコール benzyl alcohol、
リナロール linalool、ゲラニオール geraniol など。

イロンはニオイスミレのヨノン ionone に似た香りがあり、重要な香気成分です。

ニオイスミレとスミレの仲間

道端から漂う素晴らしい芳香

ニオイスミレ（**図1**）は花に素晴らしい香りがあります。ヨーロッパから西アジアに分布するスミレです。ヨーロッパでは、香水の原料として栽培されてきました。日本には明治30年代に導入され、観賞用に栽培されました。その後野生化し、現在では空き地、道端などに生えていることがあります。株元から地表をはう茎を出して広がりますので、1か所に何株も群生します。葉は基部が深く、切れ込んだハート形です。花は濃紫色の5枚の花弁からなりますが、ピンクや白の品種もあります。幅が約1・8cmあり、日本のスミレに比べてひとまわり大きい感じです。耐寒性があるために早春からかなり長い期間咲き続けます。

花には芳香のある精油が0・003％ほど含まれています。すなわち、新鮮な花100kgに含まれる精油はわずか3gです。昔はアンフルラージュ法（235ページ）で香りの成分を取っていました。しかし、あまりにも手数がかかること、1972年に香りの主成分がアルファーヨノンであることがわかり、合成されるようになったことから、今はやっていません。

アルファーヨノンの価格は、合成なので精油に比べて桁違い（けたちが）に安く、化粧品に盛んに使われるようになりました。そのためにニオイスミレのにおいを嗅ぐと、お化粧をした女性を想起させます。

ニオイスミレの葉は基部が深く凹入（おうにゅう）したハート形です。葉にも精油が含まれています。キュウリそっくりの青臭いにおいですが、花のにおいにこれを混ぜることによって、より自然のスミレのにおいになるそうです。

日本には50種ほどのスミレの仲間が自生しています。その多くは無香ですが、ニオイスミレと同じ芳香を持つものがニオイタチツボスミレ（**図2**）など、後述のように5種ほどあります。なお、長野県の山地に生えるタデスミレは、ニオイスミレのにおいとは異なる、すがすがしいにおいがします。

一方、葉のキュウリのようなにおいはいろいろなスミレでするようです。私の経験ではパンジー（サンシキスミレ）の花はにおいがしませんが、葉をなでるとキュウリのにおいがします。

図2 ニオイタチツボスミレ

図1 ニオイスミレ

図3 エイザンスミレ
ヒゴスミレとともに葉に深い切れ込みがある

【学名】 ニオイスミレ *Viola odorata* L.

【科名】 スミレ科 **【別名】** 英名：sweet violet

【においの部位とにおいの成分】

花：アルファーヨノン α -ionone

葉：スミレ葉アルコール violet leaf alcohol、スミレ葉アルデヒド violet leaf aldehyde、いずれも炭素 9 個で二重結合が 2 つある化合物です。

【似た植物】

日本のスミレのうちニオイスミレと同じにおいのあるものはニオイタチツボスミレ、ノジスミレ、エイザンスミレ（株により無香のものがある。**図 3**）、ヒゴスミレ、シハイスミレです。

トピック

ややこしいことにスミレの仲間の中にはただ「スミレ」という名前の植物 *V.* mandshurica W.Becker があります。花は濃い紅紫色で葉は長さ 5cm ほどになります。都会の道端から丘陵に見られるごく普通の植物です。ノジスミレに似ていますが、花ににおいはありません。

ニセアカシア（ハリエンジュ）

蜂蜜をとる植物としておなじみ

ニセアカシア**（図1）**は高さ20mほどになる落葉高木です。葉は互生し、3～11対の小葉からなる奇数羽状複葉で、小葉は長さ2.5～5cmほどのだ円形です。葉のつけ根には左右に1本ずつのとげが生えています**（図2）**。花は5～6月頃に咲き、枝の上部の葉の脇から下向きに長さ10～15cmの花穂を出し、そこに香りのある長さ2cmほどの白色の5弁花を多数つけます。花には蜜があります。根にはバクテリアが共生しており、空中窒素を窒素肥料に変えるので、あまり肥料分のない土地でも元気に育ちます。

ニセアカシアの名は学名の*Pseudoacacia*に由来します。Pseudo（にせの）＋acacia（アカシア）です。でもアカシアの仲間*Acacia*はたくさんの雄しべが目立つ黄色い花で、イメージは全然違います。ハリエンジュはエンジュという植物に似ているけれども、枝に針のようなとげがあるためについた名前です。

原産地は北アメリカで、今では世界各地で栽培されるようになりました。

日本には明治の初めに渡来しました。有名なのは札幌のアカシア並木です。

この頃はニセが消えてアカシアと呼んでいました。大正時代に流行った歌に「この道」というのがありました。札幌を訪れた思い出のある北原白秋の作詞で、「この道はいつかきた道　ああ　そうだよ　あかしやの花が咲いてる。あの丘はいつか見た丘　ああ　そうだよ　ほら　白い時計台だよ」という部分が札幌を連想させました。このほかにも並木、庭木、荒れ地や川岸の砂地などの緑化に各地に植えられています。

蜜源としては原産国のアメリカをはじめ、世界各国に植えられています。私が以前訪問したヨーロッパのブルガリアは、いろいろな植物から蜜を採っていますが、ニセアカシアは重要な蜜源らしく、平原一面にニセアカシアが生えている場所がありました**（図3）**。

図2
ニセアカシアのとげ　(Up)
中央は歯の落ちた跡

図1　札幌のニセアカシア

図3
ブルガリアの平原に生える
ニセアカシア

【学名】

ニセアカシア（ハリエンジュ） *Robinia pseudoacacia* L.

【科名】　マメ科

【においの部位とにおいの成分】

花：カレン carene、リナロール linalool、テルピネオール terpineol、ヘリオトロピン heliotropine など。

【似た植物】

アカシア類 Acacia

エンジュ Styphnolobium japonicum（L.）Schott（いずれもマメ科）

トピック

すてきなイメージのニセアカシアですが、実はマイナスのイメージもかなりあります。名前にニセがつくこと、植物にとげがあること、やたらと繁殖して、切り倒しても根元から芽が伸びてまた繁殖をすること、この木のまわりは栄養がよいのか、雑草が茂ること、花は無毒のようですが、葉や樹皮にはロビン robin と呼ぶ有毒な蛋白質が含まれており、食べられないことなどです。

ニッケイ（ニッキ）

独特のスパイシーな風味は細い根がもつ

ニッケイ（**図1**）は高さ10～15mになる常緑高木です。葉身は卵状長だ円形で、長さは7～12cm、暗緑色でかたくて光沢があり、裏面には細かな毛が生えています。葉脈は葉身の基部より少し上で3つに分かれています（**図2**）。葉柄は長さ1.5cmほどです。5～6月頃、枝先に短い花穂を出し、花をつけますが、花は小さく、淡緑色で目立ちません。

根の皮にはいわゆるニッキの香りがあります。地上部の皮にはありません。同様な香りのシナモンが輸入され、使われるようになるまでは、ニッケイを育て、大きな木になったら木を倒し、根を採取しました。根の材の部分には香りがないので、太い根よりも細い根のほうが大切で、採取は丁寧に行なわれていました。

私が子どもの頃は、駄菓子屋に行くとニッケイの太い根と細い根を組み合わせて赤い紙で縛ったものが、ニッキの名で売られていました（**図3**）。かじって香りと味を楽しむためです。

ニッケイは江戸時代に中国から導入され、根を得るために各地で栽培されたといわれています。しかし、近年になり、沖縄の山地に自生していることがわかりました。ニッケイの名は、中国産のカシアニッケイの中国名、「肉桂」に由来したものと思われます。しかし、カシアニッケイは地上部の樹皮に香りがあって使われるものなので、全く違う植物です。

ニッケイは葉、樹皮にも香りがありますが、香りが弱く、また根皮のニッキの香りとは異なりますので、使えません。ただ、葉柄だけはニッキの香りがしますので、私が東京薬科大学薬用植物園の園長だったころ、植物園のニッケイの葉をちぎって葉柄と葉身の味比べをしました。

ニッケイの葉はアオスジアゲハという蝶の幼虫の食草なので、ときどききれいなアオスジアゲハがまわりを飛んでいます。

私の大学の植物園の人は見学者を案内するとき、ニッケイの木の前で「葉のきれいな食痕はアオスジアゲハの幼虫が食べた跡で、破いたような葉は園長の食べた跡です」と説明していました。

図2　ニッケイの葉

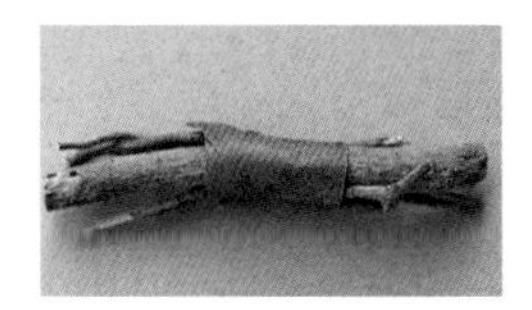
図3　ニッキ
ニッケイの根を束ねた商品

図1　ニッケイ
東京薬大植物園のもの

【学名】

ニッケイ　*Cinnamomum okinawense* Hatushima（=*C. sieboldii* Meisn.）

【科名】　クスノキ科

【においの部位とにおいの成分】

根皮：ケイヒアルデヒド（主成分）cinnamaldehyde、オイゲノール eugenol、リナロール linalool など。

【似た植物】

ニッケイ属 *Cinnamomum* はクスノキも含めてアジアの熱帯、亜熱帯に約 250 種が生育しています。このうちニッケイと関係のある植物を紹介します。

・カシアニッケイ *C.cassia*（L.）D.Don：中国南部、台湾に分布し、樹皮を薬用、香辛料（ハーブ）とするために栽培もします。中国名は肉桂、桂枝、桂皮など。

・シナモン（セイロンニッケイ）*C. verum* J.Presl：スリランカ原産の植物で、樹皮を薬用、ハーブとして利用するために世界の熱帯、亜熱帯で栽培されています。学名の verum は「真正の」という意味で、この仲間の植物の代表です。

・ヤブニッケイ *C. yabunikkei* H.Ohba（=*C. japonicum* Siebold ex Nakai）：日本の本州（福島以西）、四国、九州、沖縄に分布します。

ニラ

『古事記』の時代から存在するが、一般化したのは昭和に入ってから

ニラ（図1）は畑に栽培される一方で、本州から九州の山野に自生している植物です。畑の近くや庭の片隅に生えていることも多い多年草です。日本の自生種という説もありますが、その昔に中国から渡来をしたものだろうという説のほうが多いです。『古事記』に「かみら」、『万葉集』に「くくみら」の名で出てくるので、この頃すでに一般化していたようです。くくみらは茎のニラの意味で、花茎のことを指しています。

地下にごく小さな鱗茎が塊状に多数集まっており、ここから幅3～4㎜、長さ30～40㎝の平べったい葉を出します。8～9月頃、葉の間から花茎を伸ばし、茎の先端に多数の花が咲きます。花は径が6～7㎜の白色の6弁花です。この6弁のうち、内側の3枚は花弁、外側の3枚は萼片で、ユリの花と同じ構造です。葉を食用にしますが、茎の先にたくさんの小さな花が坊主頭のようについた花茎も、花ニラの名で食用にします。

植物全体にネギやニンニクに似たにおいがあります。このにおいが嫌われて昔はあまり食べませんでしたが、餃子などの中国料理が一般化した昭和30年頃から盛んに食べられるようになりました。

ニラは安全な植物ですが、ニラと間違えて食べて食中毒をする植物があります。同じヒガンバナ科のヒガンバナ（図2）やスイセンです。全草に有毒なアルカロイドを含んでいて嘔吐、下痢などを起こし、大量では死に至ることもあります。葉が平べったく、細長いことが似ていますが、葉にニラのようなにおいがなく、葉の幅が広く、厚みもニラよりあり、葉の光沢もあるので、慣れれば区別がつきます。また掘ってみれば大きな球根が出てきます。ニラとの区別に自信がない人は決して食べないでください。道の駅で農家がニラとして売っていたものがヒガンバナで、買って食べて中毒をしたという例もありました。

図2 ヒガンバナの葉

図1 ニラ （Is）

図3 ハナニラ

【学名】 ニラ *Allium tuberosum* Rottler ex Spreng.

【科名】 ヒガンバナ科、旧ユリ科

【においの部位とにおいの成分】

全草：硫化ジメチル dimethyl sulfide、硫化アリル diallyl sulfide などの硫黄を含んだ化合物。

トピック

ニラは昔は子房上位であることからユリ科でしたが、遺伝子を調べた最近の APG 分類ではヒガンバナ科になっています。ニンニク、ネギ、タマネギもヒガンバナ科になりました。同じヒガンバナ科のハナニラ（**図3**）は南米、アルゼンチン原産の球根植物で、明治時代に日本に導入され、観賞用として栽培されています。茎頂に咲く花は径が3cm ほどの六弁花で白、ピンク、青、黄などの色があり、なかなかきれいです。しかも一度植えると毎年増えて花が咲いてくれますので、我が家にも生えています。葉は細長く、もむとニラのにおいがします。しかしヒガンバナと同様に有毒なので、食べられません。このハナニラと食用になる花ニラとは違いますので、区別をしてください。

ニンジン

一般に出回っているのは江戸～明治時代に導入されたヨーロッパ系

ニンジンというと、薬の世界ではウコギ科の薬用ニンジン（朝鮮ニンジン）を指しますが、ここで話題にするのは、野菜として使われているセリ科のニンジンです。

ニンジンの原種のノラニンジン**（図1）**はアフガニスタン、イランなどの中央アジア原産の一年草、あるいは二年草で、他の地域にも帰化をしています。高さは0.5～1mになり、根生葉は2、3回、羽状深裂し、最終裂片はかなり細いです。花は複散形花序につきます。すなわち茎の先端から放射状に小さい枝が出て、その先から再び放射状に細い枝が出て、その先に小さな白い五弁化がつきます。根は肥大せず、白色です。日本でも帰化植物として各地に生えています。

このノラニンジンが中国、ヨーロッパに導入されて品種改良して作られたのが、野菜のニンジンです**（図2）**。中国には元（1271－1368）の時代に導入され、根の長い品種に改良され、日本には江戸時代中頃までに導入されました。

日本ではこれを根が薬用ニンジンに似て、葉がセリに似ているので、セリニンジンと呼びました。このセリが省略されてニンジンと呼ぶようになりました。なお中国では胡蘿蔔（胡、すなわち西の国から来た蘿蔔）と書きます。蘿蔔とはダイコンのことです。

一方、ヨーロッパで品種改良されたものは、江戸末期から明治時代に導入されました。いろいろな品種があり、中国系は根が細長く**（図3）**、ヨーロッパ系は短くて太いものが多いです。フレンチ・フォーシング French forceing などは橙（だいだい）色でなかったらカブと間違えそうな、直径が5㎝ほどの球形です。

色は内部まで橙色で、ニンジン特有の香りと甘味があります。子どもの頃の私はあの青臭い香りと、野菜なのにほのかな甘味があって好きになれませんでした。

あの橙色は$C_{40}H_{56}$のカロテン（carotene、以前はカロチンといった）です。ニンジンのカロテンには1か所の二重結合の位置の違いでαとβがあり、ほとんどがβ－カロテンです。このβ－カロテンは食べると体内でビタミンAに変わります。

図1　ノラニンジン
イタリアの海岸に野生していた

図2　ニンジンの花

図3　中国系ニンジン　(Is)
大塚人参

【学名】

ノラニンジン　*Daucus carota* L. subsp. *carota*

（栽培の）ニンジン　*D. carota* L. subsp. *sativus*（Hoffm.）Arcang.

【科名】　セリ科

【においの部位とにおいの成分】

根：いろいろなにおいの成分を含んでいますが、つんとした青臭いにおいの原因になっている成分は主にサビネン sabinene、酢酸ボルニル bornyl acetate、テルピノレン terpinolene、γ - テルピネン γ -terpinene、β - ミルセン β -myrcene です。

【似た植物】

ニンジンと名前のついた植物はほかにもいろいろあります。それはこの項のニンジン（A）や薬用ニンジン（B）にどこか似ているためです。その例をあげてみます。

葉が（A）に似ている：クソニンジン（キク科）、ジャニンジン（アブラナ科）、ドクニンジン（セリ科）。

葉が（B）に似ている：ニンジンボク（シソ科）。根が（A）、（B）に似ている：ツリガネニンジン、ツルニンジン（ともにキキョウ科）。

ニンニク

加熱後の香ばしさに食欲増進。でも食べすぎに要注意

ニンニク（**図1**）は高さ数十cmの多年草で、細い茎に平たく細い葉を数枚つけます。葉の下部はさや状になり、茎を包んでいます。茎の地下部には鱗茎（**図2**）がありま す。1個の鱗茎の中には十数個の小鱗茎が入っています。夏に茎の上端に花序を出し、小さな白い花を多数つけますが、果実は全くできません。代わりに花序にできるのは小さなむかご（球状に膨れた芽）で、これが地に落ちると芽が出ます。あるとき、広島にあるニンニク製剤の会社の研究員から「ついにロシアから稔性（ねんせい）のあるニンニクを入手した」と興奮気味の電話がかかってきました。稔性すなわち果実ができるということです。こうして種子が採れれば、それをまいて新しいタイプのニンニクが得られる可能性が大いにあります。

ニンニクは中央アジアが原産のようですが、鱗茎を食用、薬用のために長い間栽培が行われており、今では野生株は見つかりません。紀元前3000年のエジプトで、すでに栽培をされていたそうです。中国には漢の時代に導入されました。中国名は蒜です。日本には『古事記』に「倭建命（やまとたけるのみこと）が足柄山で食事をしているときに、ある神が白鹿に化けて来たので、食べかけの蒜で打ち殺した」という記載があるそうで、この頃には渡来していたようです。

ニンニクは生のままではにおいはありませんが、葉を潰したり、鱗茎をすり下ろすと独特のにおいを発します。これはアリインという無臭の物質に加水分解酵素が作用してアリシンを生成するためです。

アリシンはガス漏れのようなにおいで、こんなにおいのするアイスクリームやケーキなどとても食べる気がしませんが、魚、肉、野菜などとともに加熱をした料理では食欲を増す美味しいにおいになります。

鱗茎は冷え性に効き、健胃、整腸作用があります。またアリシンはビタミンB_1の吸収を高め、疲労回復を助けてくれます。

ただし、食べすぎには注意をしてください。アリシンが腸内菌を殺しすぎて腸内環境を悪化し、腹痛、下痢、便秘を引き起こすことがあります。それに口臭、体臭でまわりの人にいやがられる可能性があります。

図2　ニンニクの鱗茎

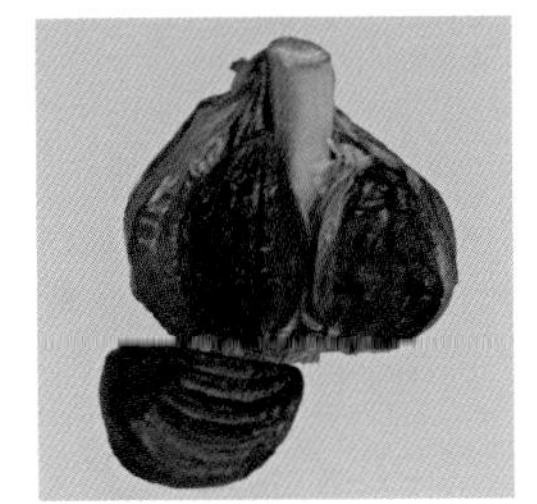

図3　黒ニンニク

図1　ニンニク　(Is)

図4　ニンニクのにおい成分
アリシン(上)と
S-アリルシステイン(下)

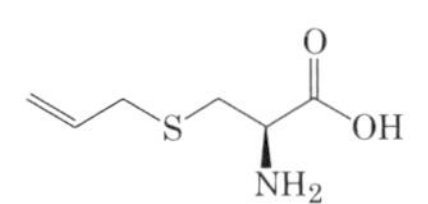

【学名】

ニンニク　*Allium sativum* L.

【科名】　ヒガンバナ科、旧ユリ科

【においの部位とにおいの成分】

全草、食用とする鱗茎：アリシン allicin。2分子の硫黄(S)の入った化合物**(図3)**。

【似た植物】

同じ Allium 属植物にネギ、ニラ、ラッキョウ、ノビル、ギョウジャニンニクなどがあり、いずれも少ないながらもアリシンを含んでいます。

トピック

ニンニクを炊飯器に入れ、湿った布をかぶせて2週間ほど保温をしておくと、ニンニク中の糖とアミノ酸が反応して黒くなります。これを黒ニンニク**(図3)**といいます。黒ニンニクの中にはS - アリルシステイン S-allyl cysteine **(図4)** が含まれていて、抗酸化作用や免疫力の向上が期待されています。

ネギとタマネギ

関西は「青ネギ派」、関東は「白ネギ派」

ネギ（ネブカ、ヒトモジ。**図1**）は多年草で、高さは数十cmになります。葉身は緑色で、中が空洞の円筒形で、先はとがっています。葉の下部の葉鞘（ようしょう）は次の葉鞘を包み、円筒形の偽茎になっています。花は主に春に咲きます。葉とほぼ同じ高さの花茎を伸ばし、その先に花をつけます。花茎も葉と同様に緑色で中が空洞です。花は白色でごく小さく、それがこんもりと盛り上がって咲く姿が髪の毛の生えた人の頭に似ているので、「ネギ坊主」と呼ばれます（**図2**）。茎の先に花ではなく、多数の小さな株をつけるものがあります。これは変種のヤグラネギ（**図3**）です。ヤグラネギは茎が倒れて小さな株が地面に触れ、根を出して繁殖をします。

ネギは中国またはシベリアの原産といわれています。日本には奈良時代に渡来したようで、その後、野菜として栽培をされました。

ネギは食べる部分の違いで大きく二つの品種に分かれます。緑色の葉を食べる葉ネギ（青ネギ）と白い葉鞘部を食べる根深ネギ（白ネギ）です。主に葉ネギは関西以西で、白ネギは関東以北で栽培されています。白ネギは白い円柱状の茎のように見えますが、これははじめに書いたように偽茎です。偽茎を長く真っ白にするために、生長に伴って土寄せをして育てます。

ネギの中国名は葱（音読みでキ）です。発音がキの一文字なので昔、宮中で働く女性（女房）はネギのことを「ひともじ」といいました。これに対してニラは「ふたもじ」といいました。このような言葉を女房言葉（女房詞、にょうぼうことば）といい、室町時代初期からはじまったそうです。

タマネギはネギと同属の植物で、偽茎の下部が膨れたものです。中央アジア原産と思われますが、古くから栽培され、野生株は見つかっていません。

図2
ネギ坊主 (Is)
沢山の花が集まり、上の方から順に咲く

図1 ネギ

図3 ヤグラネギ (Is)

【学名】

ネギ *Allium fistulosum* L.

タマネギ *A. cepa* L.

【科名】 ヒガンバナ科、旧ユリ科

【においの部位とにおいの成分】

ネギ：ジプロピルジスルフィッド dipropyldisulfide、ジプロピルトリスルフィッド dipropyltrisulfide、ジメチルジスルフィッド dimethyldisulfide などのスルフィッド類。

青臭いにおいはヘキサナール hexanal、2-ウンデカノン 2-undecanone などの炭素鎖の長い化合物です。

タマネギ：*syn*-プロパンチアール-S-オキシド *syn*-propanethial S-oxide、ジプロピルジスルフィッド dipropyldisulfide、ジプロピルトリスルフィッド dipropyltrisulfide、チオプロパナール thiopropanal、など。

パイナップル

イチゴやリンゴと同様、花托を食べる植物

パイナップルは高さ約1mの多年草ですが、茎は短く、高さ30〜50cm程度で、多数の葉に囲まれています。その上にたくさんの花からなる花序がつき、さらに花序の上に冠芽という葉を群生した短い茎がついています（**図1**）。葉は肉質で、細長く、先はとがっています。周辺は鋸歯があるものとないものがあります。

原産地は南アメリカのブラジル付近で、15世紀にはすでにアメリカ各地で栽培されていました。15世紀の末にコロンブスの探検隊が、西インド諸島で発見してから世界に広がりました。パイナップルの葉の辺縁の鋸歯は鋭く、うっかり触ると怪我をする心配がありましたが、フランス領ギアナのカイエンヌで栽培されているものは葉に鋸歯がなく、スムーズカイエンと呼ばれ、現在、世界の熱帯、亜熱帯で最も広く栽培されています。日本では沖縄で栽培されています。石垣島産のものはハワイから導入して品種改良をしたものなので「ハワイ種」と呼ばれています。これもスムーズカイエンの仲間です。

花序には100個ほどの花が密集した状態でつきます。ひとつの花は1本の雌しべ、6本の雄しべ、3枚の花弁、3枚の萼片からなり、開花期は淡紫色の花弁がひらひらとしてきれいですが、果物屋で見る果実（**図2**）からは想像できません。

果実はそれぞれが独立するのではなく、全体がつながったただ円形で、1〜2kgにもなる大きなものになります。果実はミカンやカキのように雌しべが受粉後、雌しべの下部にある子房が膨れてできますが、パイナップルの場合は雌しべ、雄しべ、花弁、萼片などがついていた花の基部（花托）が発達をして黄色く、多汁で甘い果肉になります（**図3**）。子房ではないので、そこに種子はありません。花がついている中央の茎の部分も果肉様です。

花托が発達をした果実はあんがいとあります。たとえばイチゴは黒い種子のようなものが果実で、食べている部分は花托です。リンゴも食べる部分のほとんどが花托で、果実は芯の部分です。

パイナップルの繁殖は下部の葉の間から出る芽、あるいは冠芽を地に挿して発根をさせることで行われます。

図2
果物として売られているパイナップル　(Is)
全体が大きな松ぼっくり状
上には冠芽がついている

図1　パイナップル　(Is)
若い果実がついている

図3　パイナップルの果肉
中央の茎の部分は除いてある

【学名】

パイナップル　*Ananas comosus*（L.）Merr.

【科名】　パイナップル科

【においの部位とにおいの成分】

果肉部分：成分は時友裕紀子氏らの研究（Bioscience, Biotechnology, and Biochemistry, 69 巻 , 2005）によればフラネオール furaneol、イソ酪酸エチル ethyl isobutyrate、2- メチル酪酸エチル 2-methylbutanoic acid ethyl ester などです。

トピック

パイナップル（英語：pineapple）の名は果実の外観が松ぼっくりに似て、味がリンゴに似ていることから、マツ（pine）＋リンゴ（apple）の意味です。

パイナップルの果肉にはたんぱく質分解酵素が含まれていて、肉の軟化に使われます。パイナップルを食べていると舌がピリピリしてくるのは、この酵素のためです。ただし缶詰のパイナップルでは酵素が熱で無効になっているので、その心配はありません。

ハッカ

すっきりとした香りで世界中から愛される

ハッカ（**図1**）は日本の北海道から九州までと朝鮮半島、中国、シベリア、樺太に分布しています。やや湿った草地や溝の脇などに生え、地下茎を延ばして盛んに増える多年草です。高さは20～40cm、葉は対生します。花は夏から秋に咲き、上部の葉腋に小さな白から薄紅色の花が集まってつきます。野生で生えるほか、ハッカ油とメントールの製造のために、大規模に栽培されています。

ハッカの仲間（ハッカ属植物）は世界に約30種があり、大部分が北半球に見られます。日本のハッカ以外にヨーロッパから日本に導入されて栽培、あるいは野生化している主なハッカの仲間には次のようなものがあります。

・セイヨウハッカ（ペパーミント。図2）

ハッカに似ていますが葉に丸みがあり、全体に毛が多いです。

・オランダハッカ（ミドリハッカ、スペアミント）

葉の基部はハート形。表面はちりめん状のしわがあります。精油はプレゴンを主成分とし、ハッカのメントールのにおいとは異なります。

・マルバハッカ（アップルミント　applemint）

葉身は広だ円形で、著しく縮み、白毛が多いです。

以上の3種は花が茎頂に穂になってつきます。

・メグサハッカ

（ペニーロイヤルミント　pennyroyalmint）

花は茎の上部の葉腋に集まってつき、花の集団は互いに離れていて、茎に団子を並べたようについています。

ハッカの仲間は植物全体に精油を含む腺毛が生えています。丸くて毛のイメージからほど遠いですが、植物学では表皮細胞が外側に飛び出したものを、形のいかんにかかわらず、毛と呼びます。

ハッカの腺毛には2種類あって大きな丸い粒は腺鱗といい、小さなものは頭状毛といいます（**図3**）。

図2 セイヨウハッカ

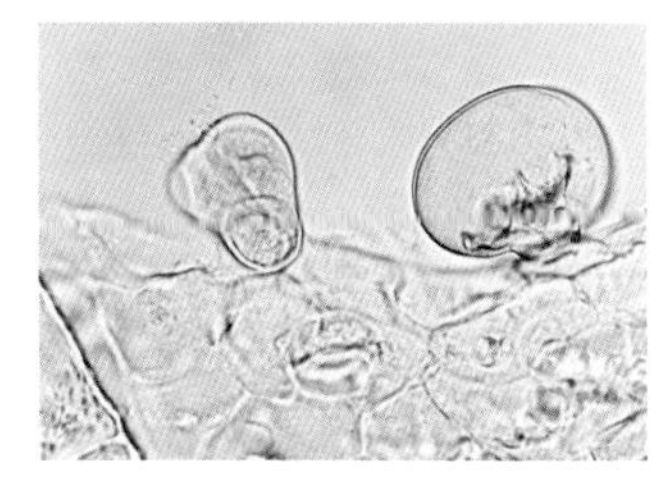

図3 ハッカの腺毛
丸く大きいのが腺鱗、小さなものは頭状毛

図1 ハッカ
北海道で栽培されているホクトという品種

【学名】

ハッカ *Mentha arvensis* L.var. *piperascens* Malinv. ex Holmes

セイヨウハッカ *M. arvensis* L.

オランダハッカ *M. spicata* L.= *M. viridis*（L.）L.

マルバハッカ *M. suaveolens* Ehrh

メグサハッカ *M. pulegium* L.

【科名】 シソ科

【においの部位とにおいの成分】

全草：精油（1%内外）：メントール menthol（主成分）、
メントン menthone、カンフェン camphene、リモネン limonene、
プレゴン pulegone など。オランダハッカはプレゴンが主成分です。

トピック

日本のハッカの特徴はメントール含量が極めて高いことです。ハッカを水蒸気蒸留して得た精油を取卸油（とりおろしゆ）といいますが、その 50 ～ 80%がメントールです。これを冷却すると、メントールが結晶として析出します。

バナナ

長さは5～40㎝、種のあるもの、甘味の少ないものなど多品種が存在

バナナは常緑の多年草です。あの茎に見える部分は葉柄が丸くなり、内側の葉柄を包んだ偽茎です。葉身は大きく、長さ2～3mの長だ円形で、中央に太い1脈とそこから左右に出て並列をする多数の細い脈があります。

花は偽茎の先に出た、長さ1～2mの下向きの花穂につきます。花穂には多数の幅広の苞葉があり、花穂の基部から中央部では1枚の苞葉の下に数個の雌花が、先端部では苞葉の下に雄花がつきます（**図1**）。果実は、最初は下向きで、のちに上向きになるために少し湾曲します（**図2**）。大きさは売っているものを見ると長さ15～20㎝、太さは3㎝ほどですが、いろいろな品種があって、長さは5㎝くらいから40㎝くらいまで、太さもいろいろあるようです。

果実には種子がありません。バナナを横に切ってみると、中心近くに小さな黒い点が見えます。これが種子の名残です。種子ができないのは突然変異で染色体が三倍体になり、うまく卵子や精子ができないためです。種無しスイカと同じ理由です。食用としては種無しは好都合なので、これが栽培されるようになりました。

二倍体のバナナはフィリピンやマレーシアに野生していて、小豆粒ほどのかたい種子が詰まっています。味は悪くなく、現地の人は食べているそうです。

バナナには黄色く熟し、甘くて香りのあるものを果物として食べる生食用と、甘味が少なく、果肉がかたく、緑色のうちに焼いたり、油で揚げたりする調理用があります。調理用バナナの食味はジャガイモに似ているそうです。

バナナの有名な性質のひとつに、皮を踏むと滑って転ぶというのがあります。その理由を解明したのが、北里大学の馬渕清資（まぶちきよし）教授です。わかったことは、バナナの皮の中には小さな粒々（小胞）が多数あり、踏みつけると小胞から潤滑油のような働きをする液体が飛び出すということでした。普通に床を歩いているときの6倍も滑りやすくなるそうです。この研究は世界的に有名で、2014年にイグ・ノーベル賞を受賞しました。馬渕教授は人工関節の専門家で、関節の悪い人に人工関節を使う場合、滑りが悪いと材料の一部が粉になって、体の中に飛び散ります。これを防ぐにはどうしたらよいかという研究の一環でした。

図2　バナナの果実

図3　バショウ

図1　バナナの花穂　(Is)

【学名】

バナナ　*Musa*　x *paradisiaca* L.

【科名】　バショウ科

Musa のあとに × があるのはこの植物がバショウ属 *Musa* の雑種であることを示しています。タイワンバナナ（マレーヤマバショウ）*M. acuminata* Colla とリュウキュウイトバショウ *M. balbisiana* Colla との雑種です。リュウキュウイトバショウはいかにも日本産のような名前ですが、東南アジア、中国南部原産の植物です。

【においの部位とにおいの成分】

果実：酢酸イソアミル isoamyl acetate。

トピック

バナナは熱帯アジアで栽培されている植物で、日本では温室でしか育ちませんが、同じ属のバショウ（芭蕉）*M. basjoo* Siebold ex Iinuma **(図3)** は耐寒性があり、関東以南では露地植えが可能です。果実は長さ 7 ～ 8cm でバナナに似ていますが、種子が多く、渋いのでそのままでは食べられません。

バニラ

貴重なバニラビーンズと同じ香り成分を、意外なところから抽出

バニラはチョコレートやアイスクリームなどの香りづけに使われる好ましい香りのバニリンの原料植物としてよく知られています。この植物は中央アメリカのメキシコ、パナマ、西インド諸島原産の、長さ10ｍにもなるつる性の多年草で、地上の茎の途中から多数の気根を出し、この気根が木の幹などに貼りついて茎が伸びていきます。

この気根は外側がスポンジ状で、水分の保持や吸収にも役立ちます。葉は長さ10～20㎝のだ円形で先はとがり、やや厚みがあります。葉の腋から花穂を出し、径が5～8㎝の黄緑色の花をつけ（**図1**）、穂の下から順次咲きます。花後にできる果実は長さが15～30㎝、細長くて豆の莢（さや）のようなので、バニラ豆 vanilla bean といいます（**図2**）。

しかし、果実には全くバニリンのにおいがしません。それはバニリンが糖と結合した配糖体の形で存在していて、全く揮発性がないためです。そこで果実が緑色でそろそろ黄色くなる頃に収穫し、熱湯に浸けて細胞が死んでから毛布やむしろなどに包んで、何日間も発酵させます。そうすると配糖体から糖がはずれてバニリンを生成します。この製法でバニリンの含量は2～3％です。果実は暗褐色になり（**図3**）、表面にバニリンの微細な結晶がついてきらきら光っていることがあります。中には黒っぽい粉のような種子がたくさん入っています。

アメリカ大陸の発見以前に、すでに現地ではこのようにしてバニラをチョコレートの香りづけに使っていたそうです。探検家により、これがヨーロッパに紹介されたのは16世紀になってからです。その後、熱帯各地で栽培されるようになりました。大きな産地のひとつがアフリカ西部のマダガスカル島です。原産地から持ち出した種子を他国でまいても芽が出ません。まいたところに根に共生する菌がいないと芽が出ないためです。それで株分けで増やします。また、花が咲いても花粉を媒介する昆虫がいないと果実ができません。それで人手によって授粉しています。

バニリンは貴重な香料ですが、丁子（クローブ）の精油の主成分であるオイゲノールから容易に合成できるようになりました。また、木材からパルプを作るときの廃液であるリグニンスルホン酸を酸化することでも得られます。

図1 バニラの花
色は黄緑色

図2 バニラの果実

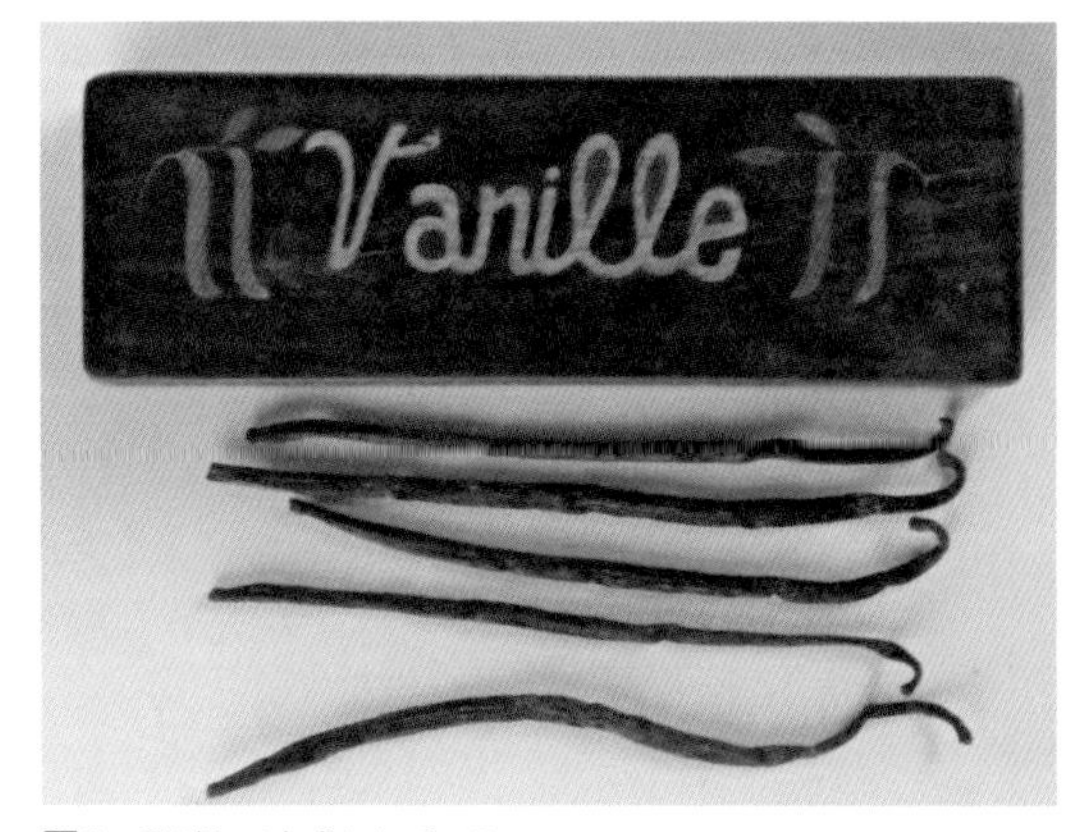

図3 発酵して完成したバニラ

【学名】

バニラ *Vanilla planifolia* Andrews= *V. fragrans*（Salisb.）Ames

【科名】 ラン科

【においの部位とにおいの成分】

発酵した果実：バニリン vanillin

トピック

バニラの甘い香りが廃液から得られるとあっては、素適な香りのバニリンのイメージが壊れそうですが、実はもっとすごい研究があります。国立国際医療センター研究所の山本麻由氏が牛の糞からバニリンを抽出することに成功し、2007年にイグノーベル化学賞を受賞しました。牛糞に水を加えて加熱することで、牛糞1gあたり約50μgのバニリンが抽出されたそうです。これも糞の中に含まれているリグニンスルホン酸が原料のようです。

ハマスゲ

世界一の強害草のひとつ

ハマスゲは日本では本州以南に生育しています。葉は細く、長さ10㎝前後で上から見ると約120度おきに三方向に出ています。このような葉の特徴と塊茎の存在で、花がなくてもハマスゲを区別することは可能です。7月、高さ20〜40㎝の細い花茎の先に長短不同の数本の枝が出て、その先に赤褐色の光沢のある小穂が3〜10個つきます（**図1**）。小穂には20〜40個の花がありますが、小さすぎて花のイメージはありません。

陽のよくあたる場所を好み、乾燥に強いので、他の草のあまり生えない海岸の砂地によく見られます。内陸でも川原、造成地、道路の敷石の隙間などに生育しています。こういう場所に生えているときは、厳しい環境の中でがんばっているなとほめたくなるのですが、ひとたび農耕地に入り込むと、除去しがたい雑草です。4月頃に塊茎から発芽して葉を伸ばす一方で、地下では細い根茎を延ばしてその先に新たな塊茎を作ります。この新しい塊茎も葉と新たな根茎を出してまた塊茎を作ります（**図2**）。

こうして、条件のよい場所では春のひとつの塊茎から生長の止まる晩秋には3000個の塊茎を生じ、生育面積は半径1.5mに及ぶそうです。駆除したくても根茎も塊茎も土の中なので地面を掘る必要があります。種子もできて、これも苗になります。こういうことからハマスゲは世界の強害草ランクの1位に属しているそうです。

さらに塊茎から放出される精油成分は、他の植物の生育を抑える作用があります。この成分は自分自身の生育も抑えているようで、薬用植物園関係者の話では決まった場所に名札を立ててハマスゲを育てていると、いつの間に名札の近くから消えてそのまわりに生えているそうです。

精油は大部分が炭素数15のセスキテルペンなので、常温では揮発しにくいです。そのために燃やして香りを楽しむ薫香料にもされます。香附子で作った線香の香りは、高級な香料の沈香とそっくりだと書かれた本があります。香附子はかなり幅広い薬能を持っています。他の生薬と組み合わせて、気分のうっ滞などの精神症状、女性の生理不順や帯下、胃の不調に使う処方があります。頭痛には香附子を粉にして額に塗るという使い方があります。

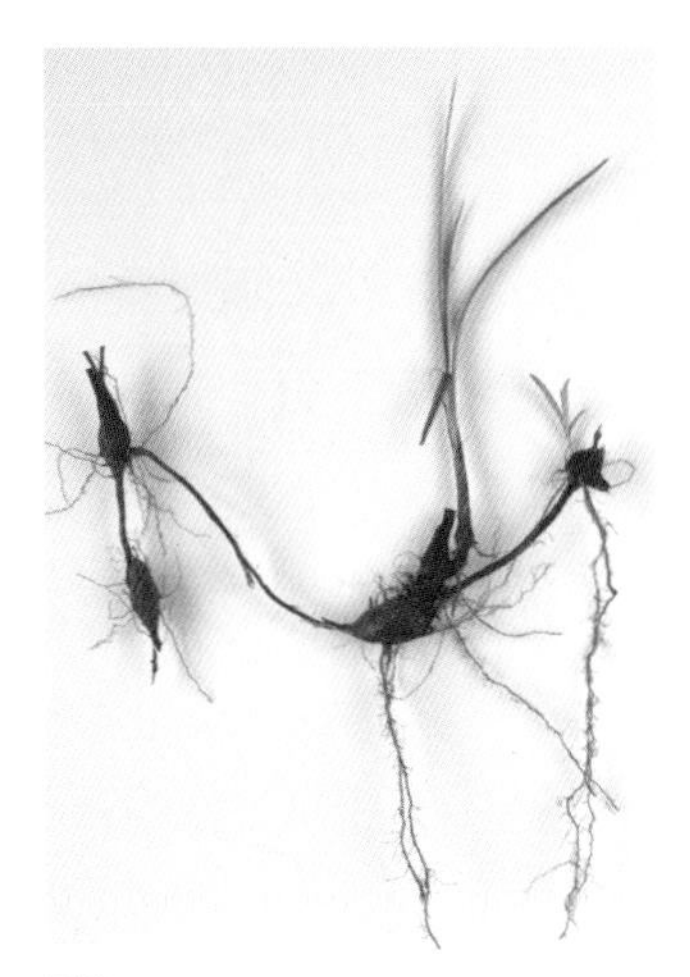

図2
次々と塊茎を作るハマスゲ

図1 ハマスゲの小穂

図3 生薬、香附子

【学名】

ハマスゲ　*Cyperus rotundus* L.

【科名】 カヤツリグサ科

【においの部位とにおいの成分】

塊茎：精油（0.6 ～ 1%）：α - シペロン α -cyperone（主成分）、シペレン cyperene、シペロール cyperol、イソシペロール isocyperol、シペロツンドン cyperotundone などのセスキテルペノイドからなります。

トピック

ハマスゲの塊茎を乾燥したものは香附子（こうぶし）といって重要な生薬です **（図 3）**。秋から翌春にかけて塊根を掘り取り、金網の上に広げて火で焼き、表面の繊維を燃やして除き、その後乾燥します。長さ 1.5 ～ 2.5cm、直径 0.5 ～ 1 cm の紡錘形で外面は灰褐色～黒褐色、精油を含むために独特な香りがあります。
なお、附子（ぶし）は、キンポウゲ科のトリカブトの根で猛毒です。香りがなく、形も大きさも全く違いますが、名前が似ているので混同しないでください。

バラ

世界中を魅了する花の美しさと香り

バラの仲間（バラ科バラ属）は北半球に生育し、世界に約200種、日本には14種が自生しています。花が美しく、またよい香りがするので、交配や品種改良で多数の品種が作られて栽培されています。茎にはとげがあり、黒星病やうどん粉病にかかり、また害虫もつきやすく、栽培がたいへんなのに、多くのファンがいる魅力のある植物です。

においは素晴らしいですが、精油の収量は極めて少ないです。これは他の香りのある植物のように油細胞、油室、腺毛などの精油を溜める組織はなく、開花してから授粉してくれる虫を呼ぶために、じわじわとにおいを発するだけだからです。開花の後半にはにおいを出しません。

そのために精油は極めて高価ですが、香水や化粧品の材料として人気があるために生産されています。

精油を採るには花を水蒸気蒸留する水蒸気蒸留法、液状炭酸ガスや溶媒で抽出する方法、ヘッドやラードなどの油脂ににおいを吸着させたあと、油脂からアルコールで精油を抽出するアブソリュート法があります。

最も香りのよい精油の生産地はブルガリアのバルカン山脈の麓にあるカザンラクKazanlakです。平地一面にバラの畑が広がり、ダマスクローズ（**図1**）が栽培されています。毎年5月下旬から6月初旬にバラ祭りが開かれ（**図2**）、世界中から観光客が集まっています。バラ祭りでは着飾った女性が花を摘んでいますが、実際はジプシー（ロマ人）などの季節労働者が働いているようです。

通常はダマスクローズの花から水蒸気蒸留法で精油を得ますが、花1tから得られる精油の量は200gです。花200個からわずかに精油1滴だそうです。水蒸気蒸留で得られた水も少し精油を含んでいて香りがあり、芳香蒸留水として使われます。

日本ではハマナス（**図3**）から精油を得ています。ハマナスは高さ1mほどになるバラで、北海道から本州の太平洋側では茨城県、日本海側では鳥取県までの海岸近くに生えています。花は紅紫でなかなかきれいです。ある研究ではこの花1tから精油が60gとれるようです。北海道の北見でこの花から水蒸気蒸留法で芳香蒸留水を、アブソリュート法で精油を採っています。

図1 ダマスクローズ

図3 ハマナス

図2 カザンラクのバラ祭り

【学名】

ダマスクローズ（Damask rose） *Rosa* × *damascena* Mill

ハマナス *R. rugosa* Thunb.

【科名】 バラ科

【においの部位とにおいの成分】

花：シトロネロール citronellol、ゲラニオール geraniol、ネロール nerol、リナロール linallol、フェネチルアルコール phenethyl alcohol など。

【似た植物】

中国にハマナスに似た玫瑰（マイカイ）があり、同様の香りがします。酒にこの花を浸け込んだものを玫瑰露酒といいます。

トピック

ダマスクローズは野生の *R. gallica* と *R. moschata* の雑種です。学名の *Rosa* の後に × がついているのは、バラ属の雑種であることを示しています。

ヒアシンス（ヒヤシンス）

球根の色で花の色がわかる

ヒアシンス（ヒヤシンス。**図1**）は多年生の球根植物で、地下にある鱗茎から長さ20cm、幅2cmほどのやや多肉な細い葉を数枚出します。葉の縁は全縁です。春、叢生した葉の中央から高さ20～30cmほどの茎を伸ばし、その上部に多数の花を穂状につけます。

花は漏斗（ろうと）状で、先は6つに開裂し、横に広がります。花の径は3cmほどです。花には強い芳香があります。

原産地は地中海の沿岸地方です。16世紀にヨーロッパに伝わり、オランダとフランスで品種改良が行われました。オランダで改良されものをダッチヒアシンス Dutch hyacinth、フランスで改良されたものをローマンヒアシンス Roman hyacinth といいます。ダッチヒアシンスは鱗茎から出る茎は1本だけで、花の色は白、淡黄、赤、青と多彩です（**図2**）。

面白いことに鱗茎の外皮は花の色と同じなので鱗茎を見ると花の色がわかるそうです。ローマンヒアシンスは鱗茎から花茎を数本出します。花の色は白、青です。ダッチヒアシンスは穂につく花数が多く、花の色も多彩で、花が大きいので、現在ではこちらが主に栽培されています。一般に栽培されている品種は50品種ほどあります。

直径が5～6cmほどある充実した鱗茎は、花が咲くまでの十分な栄養を持っているので水栽培が可能です。冷蔵庫に1か月保管した鱗茎を出して鱗茎の下部が水に浸る容器にのせると、鱗茎は寒さを脱して暖かい春が来たものと勘違いして芽を出し、生長を開始します。芽が出たら光合成ができるように明るい場所に置きます。そうすると花茎を伸ばして花が咲きます（**図3**）。発芽から開花をするまでに3～4か月かかるので、観賞時期を考えて水栽培をはじめます。観賞が終わったら庭に植えて育ててください。

ヒアシンスの名前の由来は、ギリシャ神話に出てくる美少年ヒュアキントス Hyakinthos です。ヒュアキントスがアポロンと円盤投げで遊んでいたら、ヒュアキントスを愛していた西風の神、セピュロがやきもちをやき、円盤をヒュアキントスの額に当てて殺してしまいます。このとき、流れ出た大量の血から生まれたのがヒアシンスだそうです。

図1 東京の立川で栽培のヒアシンス

図3 ヒアシンスの水栽培 (St)

図2 多彩なダッチヒアシンス (St)

【学名】

ヒアシンス *Hyacinthus orientalis* L.

【科名】 クサスギカズラ科、旧ユリ科

【においの部位とにおいの成分】

花：ベンジルアルコール benzyl alcohol、フェネチルアルコール phenethyl alcohol、酢酸ベンジル benzyl acetate など。

トピック

ヒアシンスの植物体には、針のように両端がとがったシュウ酸カルシウムの微細な結晶がたくさん含まれているので、汁が皮膚につくとそこがかぶれてかゆくなります。汁がつかなくても、鱗茎をいじっているだけで手や顔がかゆくなるそうです。鱗茎の外側の乾いた部分からシュウ酸カルシウムが飛び散るためのようです。

ヒサカキ

関東以北の神社で植えられ、独特の臭気を発する

ヒサカキ（**図1**）は常緑の低木、または小高木で、大きなものでは高さが10mほどになります。葉は枝に互生し、横に伸びた枝では左右に2列に並ぶようについています。やや厚みのある革質で、長さ3～7cm、上面は濃緑色で光沢があり、葉縁には細かな鋸歯があります。花は3～4月に咲き、白色の5枚の花弁からなり、つぼ形で、径は5～6mmほどです。雌雄異株で、雄株の花は12～15本の雄しべ、雌株の花は先が3裂した1本の雌しべがあります（**図2**）。雌花は秋に直径4～5mmの黒くて丸い果実になり（**図3**）、中には長さ2mmほどの褐色の種子がたくさん入っています。青森県を除く本州、四国、九州、沖縄の山林に分布しています。外国では中国大陸（浙江省沿岸）、台湾、朝鮮半島に自生しています。

ヒサカキに似た植物にハマヒサカキがあります。名前のとおり海岸に生える植物で、千葉県以南の本州、四国、九州、沖縄に分布しています。全体にヒサカキより小さく、高さは4mくらい、葉も小さく長さ2～4cm程度です。葉縁には鋸歯はなく、葉は裏側に向かって少し巻いています。葉の先端はとがっていません。花は11～12月に咲きます。両植物とも常緑で姿もよいので、庭木としてもよく植えられています。

ただ、ヒサカキもハマヒサカキも花に特有のにおいがあります。そのにおいは都市ガスのにおいです。そのために花が咲くと、ガス会社にガス漏れがしていると通報があったり、庭に植えた木に花が咲くと通行人からガスが漏れていますよと注意をされたりすることがあります。こんな変なにおいがするのは花粉の媒介をこのにおいを好むハエに頼っているためです。

ヒサカキの名は、サカキに似ているけれどサカキではないので非サカキだとか、サカキに似て小さいのでヒメサカキと呼んでいた名が縮んだためとかいう説があります。

関東地方では、神事に関係するサカキが寒くて生長しにくいために、代わりに植えられています。これが問題で、ヒサカキがたくさん植えられた神社のそばを春に歩くと、あまりの臭さで驚くことがあるそうです。

図1　ヒサカキ

図3　ヒサカキの果実　（Is）

図2　ヒサカキの雌花　（Is）

【学名】

ヒサカキ　*Eurya japonica* Thunb.

ハマヒサカキ　*E. emarginata*（Thunb.）Makino

【科名】　モッコク科、旧ツバキ科

【においの部位とにおいの成分】

両植物の花：ヒサカキの研究でにおいの主成分は 2 つのメチル基の間に 3 つの硫黄（S）が並んだ三硫化ジメチル dimethyl trisulfide です。

トピック

サカキ*Cleyera japonica* Thunb.とヒサカキは同じ科に属するよく似た植物です。ただし、サカキはひとつの花に雄しべも雌しべもある両性花で、ヒサカキのようなにおいはありません。花は6～7月に咲きます。葉は長さ7～ 10cm あり、葉縁にヒサカキのような鋸歯はありません。関東地方より西の本州、四国、九州、沖縄に生えています。

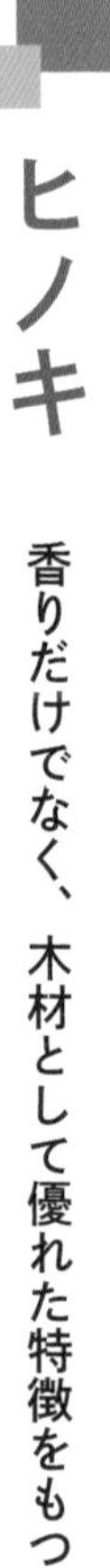

ヒノキ

香りだけでなく、木材として優れた特徴をもつ

ヒノキ（**図1**）は針葉樹の一種で、直立して高さ30m、幹の直径が60㎝にもなる常緑高木です。枝をたくさん出すために、上部はこんもりと茂っています。枝の先は多数の緑色で、細長い小枝が左右に広がっています。この小枝自体も平べったく上下左右があります。小枝が緑色に見えるのは鱗片のような小さな葉がついているためです。小枝には左右に対生する葉と、上下に対生する葉が交互についています。左右の葉は長さ３㎜ほどで、細長く、先は細くなっていますが、とがっていません。上下の葉は長さ1.5㎜ほどで先は丸いです。小枝の上面は全体が緑色ですが、下面は白いY字型の模様が見えます（**図2**）。これは葉と葉が接するところにある気孔帯を覆うワックス様の物質の色です。花は春に咲き、雌雄同株で長さ３㎜ほどの雄花と雌花がそれぞれ枝先につきます（**図3**）。針葉樹なので花は花弁がなく、目立ちません。果実は秋に熟し、木質で赤褐色、直径は１㎝ほどです。ヒノキは日本固有の植物で、福島県以西の本州、四国、九州に生えています。

日本では材木を得るために山野に針葉樹を植林しています。一番多いのがスギで、その次がヒノキです。スギは山の下部の沢沿いなどに植えられ、ヒノキは上部に植えられています。

ヒノキは材木として優れものです。辺材は黄白色、心材は淡紅色で、光沢があり、心材は香りが強いです。耐久性もあり、腐りにくいので、建築用材として優れています。世界最古の木造建築物といわれている法隆寺も、ヒノキで造られています。また材はきれいに縦に裂けるので、細く裂いた材を編んで雨傘、日傘を作りました。樹皮も耐久性があり、ヒノキを使った檜皮葺（ひわだぶき）という屋根が、神社などに使われています。昔は樹皮を細かくはぐして和船の木の合わせ目に詰め、水漏れの防止にしたそうです。

このように価値のある植物なので、スギの植林をヒノキに替えるということも起こっているようです。

図1　ヒノキの樹林　（Is）

図2　小枝の下面　（Up）
Y字型の模様が見える

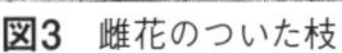

図3　雌花のついた枝

【学名】

ヒノキ　*Chamaecyparis obtusa*（Siebold et Zucc.）Endl.

【科名】　ヒノキ科

【においの部位とにおいの成分】

心材：α - ピネン α -pinene、γ , δ - カジネン γ , δ -cadinene、
α - カジノール α -cadinol など。

茎葉：α - ピネン α -pinene、リモネン limonene、
酢酸ボルニル bornyl acetate、酢酸α - テルピニル α -terpinyl acetate など。

トピック

日本にはヒノキと同属の植物がもう一種あります。サワラ *C. pisifera*（Siebold et Zucc.）Endl. です。本州の岩手以南、四国、九州に自生しており、これも日本固有の植物です。幹から出る枝の量が少ないので樹形にはすき間があり、小枝をちぎってもにおいがしません。わかりやすいのは小枝の裏を見ることです。左右の葉はとがっており、白い模様は Y ではなく、XまたはHに見えます。「葉がとがって痛そうだからサワラない」、「サワラないでよ、エッチ」と覚えてください。

ビャクダン（サンダルウッド）

原産国インドでは絶滅危惧植物

ビャクダン（サンダルウッド）は常緑の高木で、高さは3～10m、幹の太さは大きいもので30cmほどになります。大きくなる木なのに半寄生植物で、自ら葉をつけて光合成をしていますが、根は細かく分かれていろいろな植物に寄生し、そこから水分、養分を取り入れています。

葉は対生し、長さは数cmです。花は小さく、先が4裂し、紅紫色です（**図1**）。果実は直径が1cmほどの球形で黒く熟し、中に1種子があります。幹の樹皮は灰褐色、その内側の木部は外側が淡黄褐色の辺材、内側が黄褐色から紫褐色の心材で、心材は芳香があります（**図2**）。

心材は長らく香りが続き、また虫食いなどにならないために白檀の名で仏像、高級な家具、道具の材料や粉にして線香の材料になっています。また精油（白檀油）を得て石けんや化粧品の香りづけに使われます。

原産地ははっきりしませんが、インド原産ともいわれており、インドでは昔から利用されています。最近では採取しすぎて絶滅危惧植物扱いです。

そのようなことから、最近はオーストラリア産のオーストラリアサンダルウッドが重要になっています。この植物はオーストラリアの西側に生えており、高さ数mの植物です。香りはインド産と似ていますが、少し弱いようです。これを原料にして精油が生産されています。また、種子がサンダルウッドナッツの名で食品として売られています（**図3**）。日本でも売られており、私はローストしたものを買いました。カリカリした食感がよく、そばに置いておくとついつい食べてしまいます。ただし、味も香りもほとんどありません。塩を振りかけたり、醤油をつけて塩味にしたり、砂糖、蜂蜜、ジャムなどをつけて食べるとおいしいです。

ビャクダン属 *Santalum* は約20種がインドからオーストラリア、太平洋の島に点々と生えています。日本でも小笠原の父島、母島にムニンビャクダンが生えています。高さ1～3mの小高木で、心材にはビャクダンに似た弱い香りがあるそうです。でも、世界でここだけしかなく、近い将来絶滅の危険性があるということで絶滅危惧種に指定されています。どうぞ切らないで眺めるだけにしてください。

図2　ビャクダンの心材
白檀として売られているもの

図1 ビャクダンの花

図3　オーストラリアサンダルウッドの種子
ローストしたものが「サンダルウッドナッツ」の名で売られている

【学名】

ビャクダン　*Santalum album* L.

オーストラリアサンダルウッド　*S. spicatum* DC.

【科名】　ビャクダン科

【別名】　英名：sandalwood ／中国名：檀香、白檀

【においの部位とにおいの成分】

上記 2 種の心材：α , β - サンタロール α , β -santalol（主成分）、
α - ビサボロール α -bisabolol など。

【似た植物】

ムニンビャクダン　*S. boninense*（Nakai）Tuyama

においの成分は上記 2 種と同じと思われます。

ビワ

果実は人気の果物。葉は薬用に使用

ビワは果樹として栽培されている高さ3～5mの常緑の高木です。葉は倒卵形から狭倒卵形で、長さは15～30cm、幅は3～9cmあります。葉の下面は褐色の綿毛が密生しています（図1）。11～12月に枝先に花穂を出し、ここに多数の花をつけます。花穂全体が褐色の綿毛におおわれ、その中から5枚の白色の花弁からなる花がのぞいているような感じです（図2）。果実は翌年の6月に黄橙色に熟します（図3）。中には大きめの種子が1～数個あります。

ビワは中国から渡来したようです。ビワという名前も中国名の枇杷に由来します。いつ渡来したかは定かではありませんが、『本草和名』に比波の名で出ており、この時代にはすでに渡来していました。学名がjaponicaなのは江戸時代に医師として長崎の出島に勤務したスェーデンのツンベルクが長崎で見つけて命名したためです。

ビワの果実は果物として食べられていますが、葉も体によいということでいろいろと利用されています。江戸時代には「枇杷葉湯」売りが天秤棒を肩にかつぎ、言葉巧みに江戸や大坂の町を売り歩く姿が夏の風物詩でした。枇杷葉湯は暑気払いの飲み物で、枇杷葉、肉桂、藿香、莪蒁、呉茱萸、木香、甘草の7つの生薬を等量に混ぜて煎じたものです。

枇杷葉は煎じて飲めば咳止めになりますが、その場合、葉の裏の毛を除いてから煎じないと毛が喉を刺激してかえって咳が出ます。また煎じ液を飲むとむくみが取れるとされていますが、煎じ液に含まれるアミグダリンが胃の中で分解をすると猛毒な青酸を生じますので、使い方には注意が必要です。

以前、アメリカの学者が、アンズに含まれるレートリルという成分を強い抗がん作用があるとしてがん患者に大量に注射をしました。しかし、その後レートリルはアミグダリンであることがわかり、効果も否定されてその療法は禁止されました。なお、アミグダリンは分解されない限り、注射をされても無毒です。

図2 ビワの花

図1 ビワの葉 裏(上)と表(下)

図3 ビワの果実

【学名】

ビワ *Eriobotrya japonica*（Thunb.）Lindl.

【科名】 バラ科

【においの部位とにおいの成分】

葉：不揮発性のアミグダリン amygdalin が重要で、加水分解をして芳香性のベンズアルデヒド benzaldehyde を生じます。精油成分としてはトランスネロリドール trans-nerolidol、ファルネソール farnesol などを含みます。

トピック

ビワの花は昆虫のほとんどいない真冬に咲きますので、受粉に昆虫は期待できません。ここで活躍をするのがメジロです。花が咲くとメジロがどこからともなく現れて、蜜を吸ったり花粉を食べたりします。またビワの実が熟す6月頃にもメジロが現れて、果肉を食べます。自分が受粉させて作った果実だから自分のものだと思っているのかもしれません。

フジバカマ

奈良時代に日本に来た秋の七草のひとつ

フジバカマ（**図1**）は関東以西の川の堤防などに生える多年草で、地下茎を伸ばして群生します。草丈は1～1.5mで葉は対生し、短い葉柄があり、葉身は長さ10cm前後で、基部で3深裂しています。8～9月に枝の先に白から淡紅紫の頭花を多数つけます。総苞に包まれた頭花の中には、小さな細い花が5個入っています。

フジバカマは奈良時代に中国から渡来したと考えられる植物で、『万葉集』で山上憶良が、秋の七草のひとつとして歌に詠んだことで知られています。フジバカマは昔からよく知られていたのに、川沿いの改修、整備のためか今ではほとんど見られず、絶滅危惧種とされています。

一方で、園芸業者がフジバカマの名前でいろいろな種類を売っています。その多くはサワヒヨドリとの雑種のサワフジバカマで、茎の上部は赤味を帯び、頭花も紅紫色です（**図2**）。そのほか、北米産のマルバフジバカマ、アオバナフジバカマもフジバカマの名前で売っています。

フジバカマの葉は生ではにおいがありませんが、萎れて半乾きになると強い香りを発します。桜餅のようなクマリンの香りです。これは葉に含まれているクマリン配糖体が、細胞が死ぬことで別のところにあった加水分解酵素と混ざり、糖がはずれてクマリンが発生するためです。

中国では香りのある植物を蘭といい、ラン科植物は花に香りがあるので蘭花、フジバカマは葉が香るので蘭草といいます。この香るフジバカマの葉は袋に入れ、中国でも日本でもにおいを消すために衣服、枕、髪、皮膚に忍ばせたり、風呂に入れたりしました。この香りは栽培のフジバカマにもフジバカマの仲間の野生種のヒヨドリバナ（**図3**）、サワヒヨドリ、ヨツバヒヨドリなどにもあります。

フジバカマやその仲間の花が咲いているところに行くと、大型のきれいな蝶、アサギマダラが蜜を吸っているのをよく見かけます。蜜の中にあるピロリチジンアルカロイドが、雄の体内でメスを引き寄せるフェロモンに変わるためです。鳥に対して毒性があるので、鳥が食べないという効果もあります。アサギマダラが派手なのは鳥に対して私は毒ですよと知らせるためです。なお、アサギマダラの幼虫の食草はキジョランなどのガガイモ科の植物です。

図1　フジバカマ

図3　ヒヨドリバナ

図2　サワフジバカマと思われる「フジバカマ」

【学名】

フジバカマ　*Eupatorium japonicum* Thunb.（= *E. fortunei* Turcz）

【科名】　キク科

【においの部位とにおいの成分】

葉：クマリン配糖体の分解により生じるクマリン coumarin。

トピック

アサギマダラは長距離を移動する昆虫として有名です。秋は北海道や本州から沖縄や台湾まで、春はその逆コースで移動します。たとえば、秋に群馬県の赤城自然園で翅に印をつけて飛ばした蝶が、約 2 か月後に沖縄の与那国島で見つかったという記録があります。移動距離は何と 2000km です。風を利用しての移動でしょうが、小さく、しかも寿命が約４か月といわれる蝶が、ここまで移動をするなんてすごいです。

フリージア

カラフルで香りのよい人気の切り花

フリージア（**図1**）はアヤメ科のフリージア属*Freesia*の植物です。この属の植物をデンマークの植物学者、エクロンEcklonが19世紀に南アフリカのケープ地方で見つけ、友人の医師、フレーゼFreeseに献名して*Freesia refracta*という学名をつけたのがはじまりです。refractaは曲がったという意味です。直立している花茎が、花のついたところからほぼ水平に曲がるためと思います。

この植物はアサギズイセン、コアヤメズイセンともいい、花茎の高さ30〜40cmほどの多年草で、地下に球茎があります。葉は互生し、左右に2列に生え、細く平たく、先がとがっています。花は春に咲き、数花が水平に伸びた花穂に上向きに咲きます。6枚の花被から成り、色は白、黄、赤、赤紫、淡紫など（**図2**）で、芳香があります。日本には明治末から大正初期に導入され、大正時代に発行された図鑑にすでに画がのっています。

フリージアというと、一般には数百もある栽培品種のことをいいます。カシス*Freesia*‘Cassis’、ハネムーン*Freesia*‘Honeymoon’のように、*Freesia*のあとに‘’で囲まれた名前はフリージア属の栽培品種であることを示しています。花の色はさまざまあり、また、花穂は曲がらずに真っすぐ伸びているものもあります。

東京都の八丈島は大正の初め頃からフリージアの栽培を始め、戦後は盛んになり、全国に球茎や切り花を販売していました。球茎の生産量は全国の7割を占めたそうです。南の島なので観光客もたくさん来ました。そこでフリージアを観光に生かそうと毎年3〜4月にフリージアまつりを行いました。しかし昭和も終わり頃になると球茎の輸入がされるようになり、栽培は衰退しました。

今は八形山フリージア畑1か所でフリージアまつりを行っていますが、35万本のフリージアが咲き（**図3**）、祭りに参加すると20本までは無料で採集できるそうです。

図2
現代のフリージアの園芸品種 (St)

図3 八丈島のフリージア畑 (St)

図1 花茎が水平に曲がる (St)

【学名】
フリージア（アサギズイセン） *Freesia refracta*（Jacq.）Ecklon ex Klatt
フリージアの各種園芸品種 *Freesia* SPP.
SPP. は *Freesia* の各種の集まりであることを示しています。
【科名】 アヤメ科
【においの部位とにおいの成分】
花：リナロール linalool（主成分）、α - テルピネオール α -terpineol、
ヘキサノール hexanol など。

トピック

フリージア属は南アフリカに 16 種もあり、オランダを中心にこれらの交配や品種改良が行われ、現在では 150 以上の栽培品種があります。オランダ球根生産者協会には 2014 年までになんと 662 品種が登録されているそうです。

ヘクソカズラ（サオトメバナ）

葉をもんで名前の由来を実感

ヘクソカズラは日の当たる平地の草原、林の縁などに普通に見られる多年草です。茎は長いつるになり、地表をはったり、木にからんだりしています。

葉は対生し、形は披針形から広卵形です。大きさは株によって大きく違うらしく、どの本を見ても長さ4～10㎝、幅1～7㎝と書いてありますが、わが家のものは長さ5㎝、幅3㎝程度です**（図1）**。葉はそのままでは無臭ですが、もんでみるとガス漏れのにおい、おならのにおいのような悪臭がしてきます。これがヘクソカズラの語源になりました。

8～9月に茎の上部に花序を出し、たくさんの花をつけます**（図2）**。花は長さ1㎝ほどの筒形で、先は5つに分かれ、横に広がっています。筒状部分の外側と先端部分は白色ですが、筒の内部は赤紫色で毛が生えています**（図3）**。ヘクソカズラにはヤイトバナという別名があります。ヤイトはお灸のことで、この赤紫色がお灸の跡みたいだからとか、花を逆さまにして皮膚にのせると白い筒の部分がお灸のもぐさのようだからとかいわれています。果実は冬に熟し、黄色く丸くて径が5㎜でなかなかきれいです。

サオトメバナという名前についてですが、早乙女(さおとめ)花という意味と思います。早乙女は田植えをする女性のことで、昔、イネの豊作を祈り、神に感謝をするために早乙女がこぞって田植えをしました。しかし田植えは5～6月、ヘクソカズラの花が咲くのが8～9月ですので、早乙女が働く時期に花が咲くからとはいえません。おそらくヘクソカズラの花がたくさんの咲く姿を、帽子をかぶって田植えをする大勢の早乙女に見立てたのではないかと思います。

万葉時代はクソカズラと呼ばれ、万葉集に「皂莢(さうけふ)に延(は)ひおほとれる屎葛(くそかづら)絶ゆることなく宮仕へせむ（意味：皂莢(サイカチ)にしつっこくからんでいるヘクソカズラのように私も役所勤めをずっと続けよう）」という歌がのっています。これからの自分の人生を何もヘクソカズラにたとえることはないと思うのですが、よほど皆から鼻つまみの男だったのでしょうか。

図1　ヘクソカズラ

図3　ヘクソカズラの花

図2　ヘクソカズラの花序

【学名】

ヘクソカズラ　*Paederia foetida* L.

【科名】　アカネ科

【においの部位とにおいの成分】

茎葉：無臭のペデロサイド paederoside から酵素の働きで生じるメチルメルカプタン methyl mercaptan（別名：メタンチオール methanethiol）です。

トピック

我が家ではツツジやイヌツゲなどの背の低い庭木が植えてある場所に生え、地表を長くはったり、木にからみ上がっています。邪魔なので抜こうと思っても根はかなり遠くにあり、茎は木にからみながら伸びているので、引っ張っても途中で切れてしまいます。根は木の茂みの下にあってどこにあるかわからず、そこから次々と芽を出します。何ともやっかいな植物です。

ホオノキ

花は香りよく、葉は料理に、樹皮は生薬に

ホオノキは高さ30mにもなる落葉高木です。葉は長さ20~40cm、幅10~25cmになります。単純な形の葉としては日本の樹木の中で最も大きいです。

花は5~6月頃、輪生状の葉の中心に咲き、直径は約15cm、外側に淡緑色で小型の萼片が3枚あり、内側には白くて大きな花弁が6~9枚あります。花の中央にある花軸の下部には多数の雄しべが、上部には多数の雌しべがらせん状につきます。花にはよい香りがあります（**図1**）。

南千島から北海道、本州、四国、九州の丘陵、山地に生えています。中国にはごく近縁のカラホオ（中国名：厚朴）とその変種で、葉の先が二つに切れ込んだヤハズホオノキ（**図2**。中国名：凹葉厚朴）が生えています。

葉は料理を包んだり、飛騨高山の郷土料理、「朴葉味噌（ほおばみそ）」のように葉の上に味噌、野菜をのせて炭火で焼いて食べるという使い方もあります。材木は柔らかくて質が均一なことから細工物に使われ、木版画を作る彫刻材料にします。

中国ではカラホオの樹皮を漢方薬の原料にします。ホオノキもよく似ており、成分が変わらないので、厚朴（こうぼく）あるいは日本産なので和厚朴の名で漢方に使います（**図3**）。胸腹部の膨満感、気分のうっ帯、精神不安、腹痛に応用し、筋肉の異常な緊張、痙れんをとる作用もあります。

奈良の正倉院には大平勝宝8年に生薬60種が献納されました。そのうち厚朴を含む38種が現存しています。近年、これらの生薬の学術調査が2回行われました。ほとんどの生薬は現在同じ名前で使われている生薬と同じでしたが、厚朴は違いました。そこで第2次調査の代表者の柴田承二先生から、柴田先生の下で研究をしていた高校時代のクラスメイト、相見則郎君を通して、昔ホオノキの研究をしていた私に共同研究の依頼がありました。私は正倉院の厚朴は中国からの輸入品と思われることから、中国各地の厚朴について文献を調べてみたら、いくつかの地方で黄杞（クルミ科のフジバシデ）を厚朴の原料にしていることがわかりました。それで組織構造を調べたところ、正倉院の厚朴と完全に一致しました。柴田先生は生薬学会の重鎮ですが、その先生が「いつか解決をしたいと思っていると解決するものだなあ」としみじみと言ったのがうれしかったです。

図1 ホオノキの葉と花

図3 ホオノキの樹皮
生薬の厚朴

図2 ヤハズホオノキ
葉の先が凹んでいる

【学名】 ホオノキ *Magnolia obovata* Thunb.

【科名】 モクレン科

【においの部位とにおいの成分】

花：安息香酸メチル methyl benzoate

葉：α, β - ピネン α, β -pinene、カンフェン camphene、
リモネン limonene、酢酸ボルニル bornyl acetate、
カリオフィレン caryophyllene など。

樹皮：β -eudesmol（主成分）。ほかは葉の成分と似ています。なお、樹皮の薬効成分は不揮発性のマグノロール magnolol とホオノキオール honokiol です。ホオノキオールは私が大学院生のときに構造を決めた成分です。

【似た植物】

カラホオ（厚朴）*M. officinalis* Rehder et E.H.Wilson

ヤハズホオノキ（凹葉厚朴）*M. officinalis* var. *biloba* Rehder et Wilson

フジバシデ (黄杞 クルミ科) *Engelhardia* roxburghiana Wall.

いずれも中国産。

ホップ（セイヨウカラハナソウ）

ホップ**（図1）**は雌雄異株のつる性の多年草です。つるの長さは10ｍ前後になり、右巻きあるいは左巻きに他物にからんで伸びていきます。葉は対生し、卵形または広卵形で、幅は4～8㎝、多くは手のひら状に3～5裂します。茎にも葉にも剛毛が生えています。花は8～9月に咲き、雄株では茎の上部に花序を出し、20～100個ほどの小さな花をまばらにつけます。雌株の花穂は数十個の小さな花を淡緑色の膜質の総苞が包んでいます。これを毬花（きゅうか）といい、長さ2㎝、幅1.5㎝程度のだ円体で，松ぼっくりのような形です**（図2）**。ただ構成しているのが膜質の総苞なので、非常に軽いです。1枚の総苞の中には2個の雌花があります。

酒税法でビールは「麦芽、ホップおよび水を原料として発酵させたもので、アルコール分が20度未満のもの」と定義されていますが、このホップは成熟前の雌の花穂のことを指しています**（図3）**。総苞片の内側基部には、ホップ腺と呼ばれる淡黄褐色の粒々（腺毛）が多数付着しています。

ビールの苦味を出すホップは健胃薬にも使用

ホップ腺に苦味質が含まれているので、ホップ（雌花穂）、ホップ腺とも苦味健胃薬として使われます。また、鎮静作用、催眠作用があるとされています。でも、ビールを飲んだらアルコールのせいで皆、朗らかになります。鎮静、催眠作用が効きすぎて全員が静かになり、みんな寝てしまうというようなことは起こりません。

ホップの原産地は諸説がありますが、ヨーロッパから中央アジアまでのようです。日本の北海道、本州中部以北の山地にはホップの変種のカラハナソウが生えています。しかしホップ腺が少なく、ビールの材料にはなりません。北海道では、カラハナソウが生えるならホップも育つはずと栽培を始めて成功し、日本一のホップ生産地になりました。その後栽培地が東北地方に移り、今では秋田県が日本一だそうです。

図1 ホップの雌株

図3 ホップの毬花
乾燥したもの

図2
ホップの毬花
ビールに使われるホップ

【学名】

ホップ　*Humulus lupulus* L. var. *lupulus*

【科名】 アサ科、旧クワ科

【においの部位とにおいの成分】

雌花の総苞片の内側につくホップ腺：β - ミルセン β -myrcene、
フムレン　humulene、α - カリオフィレン α -caryophyllene、
リナロール linalool など。

【似た植物】

カラハナソウ *H. lupulus* L. var. *cordifolius*（Miq.）Maxim. ex Franch. et Sav.

トピック

ホップ腺の中の液体はビールに香りと苦味をつける重要な働きをします。ところが、総苞片の中の雌花が受粉をすると、ホップ腺は脱落してしまい、ビールの製造には使えません。そのためにホップの栽培は雌だけに限り、雄は畑の中はもちろん畑の周辺にもないようにします。こういうことから、ホップの雄株を見る機会はなかなかありません。実は私も見たことがありません。

ミツデウラボシ

『本草綱目』には淋病に有効とも

ミツデウラボシ（図1）は常緑のシダ植物で、地下には密に茶色の鱗片に覆われた太さ2〜4㎜の根茎があります。葉身の形は変化が多く、切れ込みのない葉や3つ，5つに切れ込んだ葉があります。3つに切れ込んだ葉が多いので、ミツデウラボシの名前がつきました（図2）。大きさもいろいろで、長さは4〜15㎝ほどになります。葉の裏には径が2〜3㎜の胞子嚢群が主脈の両側に並んでついています（図3）。葉柄は葉身と同じほどの長さがあります。

北海道南部から沖縄までの、山地の日あたりのよいやや乾いた岩場に生えています。北海道から関東地方までは3裂をすることはあまりないようです。

人里の道端の乾いた斜面に生えていることもあります。写真は、我が家から歩いて5分ほどの道端で撮ったものです。同じ場所に形や大きさの違ういろいろなものが生えていました。

葉をもむと桜餅のような甘い香りがします。これはクマリンという成分です。ミツデウラボシの成分を研究したのは昔の第一高等学校化学教室の鈴木衡平氏で、昭和3年（1928）に薬学雑誌にその研究成果を発表しました。それによると鈴木氏は、当時難治病であった性病の淋病に民間でミツデウラボシが使われているのに、その根拠となる記載が何もないこと、近縁のヒトツバが中国の『本草綱目』に淋病に有効と書いてあることから、ミツデウラボシの成分の研究をはじめました。

ミツデウラボシは鈴木氏の故郷である南伊豆で採集し、その乾燥したもの約1.7㎏が研究材料になりました。これを80％アルコールで何回も抽出し、その抽出液を濃縮後、水に溶かし、水溶液を今度はエーテルで抽出し、さらに酸、アルカリを使うなどして精製し、ついに融点71℃の無色の結晶を得ました。各種の試験でこれはクマリンと推定され、クマリンの標品との混融試験で決定しました。

この研究は化学的研究で、ミツデウラボシやクマリンが淋病に実際に効くかどうかということは調べていません。また昔は、淋病は特定の性病に限らず、性器一般の病気を指していたようです。

図2
葉身が3つに分かれたミツデウラボシ

図3　葉の裏の胞子嚢群

図1　道端の斜面に生えるミツデウラボシ

【学名】

ミツデウラボシ

Selliguea hastata（Thunb.）Fraser-Jenk.= *Crypsinus hastatus*（Thunb.）Copel.= *Polypodium hastatum* Thunb.

最初の学名は 1784 年命名の Thunberg ですが、見解の相違でいくつもの学名があります。

【科名】　ウラボシ科

【においの部位とにおいの成分】　葉：クマリン coumarin

【似た植物】

ヒトツバ *Pyrrosia lingua*（Thunb.）Farw.　中国名：石韋

トピック

混融試験（こんゆうしけん）：物質は他の物質が混ざると融点は降下します。たとえば水は0℃で溶けますが、海水は塩分が混ざっているために -1.8℃で溶けます。同じ融点の 2 つの物質を混ぜたときに融点が変わらなければ両者は同一物質です。これで 2 つの物質が同じかどうかを確かめるのを混融試験といいます。

ミョウガ

歯触りと香り、味で、薬味、料理に活躍

ミョウガ（図1）は多年草で、地下浅くに地下茎を伸ばし、そこから地上に茎を出して葉をつけます。葉は長さ20〜30cm、幅は数cmの披針形で1本の中央脈が縦に伸びています。下部は葉鞘となり、次の葉の葉鞘を包んで円柱状になり、偽茎となっています。花茎は葉とは別に地上に出ます。高さ5〜7cmほどの狭だ円形で多数の暗赤紫色の苞に包まれています（図2）。

花期は8〜10月頃で、苞の中から花が次から次と伸び出して咲き、1日でしぼんでいきます（図3）。単子葉植物の中では非常に進化した植物なので、花の構造はかなり特殊です。ユリだったら外側の3枚の花被にあたる外花皮は、細い筒になって内花被の下部を包み、上に伸びた内果皮が淡黄色の花になります。この花の前方に伸び出した大きな花弁状のものは唇弁（しんべん）といって、2本の雄しべが合着をして広がったものです。中央の細い筒は雌しべを雄しべが包んだものです。

ミョウガは日本とアジア南部に自生し、日本では本州、四国、九州、沖縄に生え、栽培もされるとされていますが、私は野生を見たことがなく、見たのはすべて栽培品です。その昔に中国から渡来したものではないかという説がありますが、私も同感です。

図2の花茎は香りと辛味があり、かんだときのシャキシャキ感もあるので、「みょうが」「花みょうが」「みょうがの子」などの名前で食用にします。細かく刻んで各種料理に薬味として使いますが、あくがあるのでしばらく水に浸けてから使います。また、粕漬けや味噌漬け、てんぷらにもします。若い芽も形がタケノコに似ているので「みょうがたけ」の名で食用にします。ミョウガを食用にしているのは日本だけのようです。

ミョウガの名前は昔、香りの強いショウガを男、香りの穏やかなミョウガを女とみなし、ショウガを兄香（せのか）、ミョウガを妹香（めのか）と呼んでいたそうです。このメノカが旧かなづかいのメウガを経て、現代かなづかいのミョウガになったものと思われます。

図2　ミョウガの花茎
みょうが、花みょうが、みょうがの子などの名で食材にする

図3　ミョウガの花　(Is)

図1　ミョウガの畑　(Is)
地下茎でつながって群生する

【学名】　ミョウガ　*Zingiber mioga*（Thunb.）Roscoe

【科名】　ショウガ科

【においの部位とにおいの成分】

花茎：α, β - ピネン α, β -pinene、β - フェランドレン β -phellandrene など。そのほか、植物各部ににおいがあります。

【似た植物】

同属植物にショウガ *Z. officinale*（Willd.）Roscoe があります。熱帯アジア原産で日本では栽培をしています。

トピック

もうひとつ、ミョウガの名の由来には興味深い俗説があります。それはお釈迦（しゃか）様の弟子に物覚えの悪い人がいて自分の名前すら覚えられず、名前を書いたものを身体に荷（にな）っていました。「荷う」は身につけて運ぶという意味です。ミョウガはその人が死んだお墓に生えた植物なので、名荷と名づけられ、クサカンムリをつけて茗荷になったという説です。

メロン

原産はインド。高価な網目のメロンはヨーロッパから

メロン（**図1**）は一年生のつる性の草本です。花は黄色の合弁花で花被の先は5裂しています。雌雄同株で、ひとつの株に雄花と雌花が咲きます。子房下位花なので、雌花は花被の下に果実となるものがついています（**図2**）。

果実は大きく、普通は球形ですが、細長いものもあります。昔から栽培されているためにいろいろな品種があり、果実の外面は緑、黄、白などがあり、果肉も黄のほかに白、淡緑色があります。よく見かけるのは果実の表面に白い網目模様のあるメロンで、アミメロンといいます（**図3**）。これは果皮の発達より果肉の発達のほうが早いために、果皮にひび割れが起こり、これをふさぐためにコルク細胞ができるためです。アミメロンの中にはマスクメロンという種類もあります。別名をジャコウウリといい、麝香(じゃこう)(musk)のように強いよい香りがあるためです。麝香はジャコウジカの雄の分泌腺から出るにおいで、成分はメロンとは全く違います。

メロンの原産地はインドで、ヨーロッパには紀元前の相当古い時代に導入され、栽培が行われました。日本にヨーロッパのアミメロンが渡来したのは明治の初めです。しかし日本ではそれ以前からシロウリやマクワウリが栽培されていました。これらのウリはインドから中国に伝わって栽培されたメロンの仲間で、英語でoriental melon（東洋のメロン）といいます。

メロンは果実を食べるために栽培されています。植物はいくつもの果実をつけますが、大きなよい果実を作るためにひとつの株には実をひとつだけつけて育て、その他の実は若いうちに摘み取ります。そのため高価な果実になります。

メロンの香りは芳醇な甘い香りと青葉のようなすがすがしい香りが混ざっています。メロンはちょっと想像できませんが、学名上はキュウリの仲間です。メロンの香りはキュウリの香りに甘い香りが加わったようなものです。

図1　畑で栽培のメロン　(St)

図3　アミメロン

図2　メロンの雌花　(St)
花被の下に将来果実になるものが見られる

【学名】 メロン　*Cucumis melo* L.

【科名】 ウリ科

【においの部位とにおいの成分】

果肉：甘い香りの 2- メチル酪酸メチル methyl 2-methylbutyrate、2- メチル酪酸エチル ethyl 2-methylbutyrate、酪酸エチル ethyl butyrate、酢酸 2- フェネチル 2-phenylethyl acetate などのエステルと、キュウリのようなにおいのトランス -2, シス -6- ノナジエノール trans-2, cis-6-nonadienol　など。

【似た植物】

シロウリ　*C. melo* L. var. *conomon*（Thunb.）Makino

マクワウリ　*C. melo* L. var. *makuwa* Makino

トピック

九州の島々にはザッソウメロン（雑草メロン）*C. melo* L. var. *agrestis* Naud. が野生しています。果実は直径が 2 ～ 5㎝ほどで、苦くて食べられません。クソウリと呼ぶところもあるそうです。栽培のメロンの野生化と思われますが、その昔、人類の移動とともに帰化したもののようです。これを史前帰化植物といいます。

モモ

弥生時代から存在し、果実には霊力があるとされた

モモ（**図1**）は高さ3～8ｍになる落葉高木で、葉は長さ8～15㎝のだ円状披針形で先がとがっています。葉身の基部には通常1対の小さく丸い突起（腺）があります。芽は前年の枝の先に通常3個つき、両側の2個が花芽で、中央のものが葉芽になります。3～4月に葉に先がけて開花をします。花は白、または淡紅色（桃色）、濃紅色で径が約3㎝、花弁は5枚、先が円形でほぼ平開します（**図2**）。雌しべは1本で、雄しべは多数です。果実は野生品では小さく、径が3～5㎝ですが、品種改良されたものは12㎝に達します。多くは球形ですが、蟠桃（ばんとう）のように上下に押しつぶされたような形のものもあります。果実は6～7月に熟します。果実には縦に一筋の凹みがあり、表面は短い毛に覆われ、色は熟すと紅色ですが、黄色のものもあります。

果実の構造を植物学的にいうと、皮は外果皮、果肉部分は中果皮、中央のかたい核は内果皮で、内果皮を割ると種子（**図3**）が出てきます。この構造はアンズと同じです。種子は桃仁といい、漢方で駆瘀血（くおけつ）薬として血液の滞りやそれによって起こる病気の治療に用います。

モモは中国の黄河上流の高原地帯が原産地とされており、3000年以上前から栽培されていたようです。紀元前2世紀にはシルクロードを通じてペルシャに伝わり、紀元前1世紀頃、ギリシャ、ローマに伝わりました。そのため、ヨーロッパ人はモモをペルシャ産と考え、学名にpersica（ペルシャの）と書かれています。日本には弥生式土器に種子の跡が残っていることから、弥生時代（紀元前300年－紀元300年）に渡来したものと思われます。

昔の中国では桃は鬼、悪霊を追い払う霊力があると信じられていました。このことが日本に伝わり、日本最古の歴史書である『古事記』には、伊邪那岐命（イザナキノミコト）が黄泉の国（よみのくに）に死んだ妻である伊邪那美命（イザナミノミコト）を訪ねたところ、黄泉の国の軍勢に追いかけられました。そこで近くにあったモモの木から実を3つ取って投げると、追っ手は黄泉の国へ戻っていったという話がのっています。これがその後、桃から生まれた桃太郎が人々を苦しめる鬼をやっつける桃太郎の話になりました。

図2　モモの花

図1 モモの葉と果実　（Is）

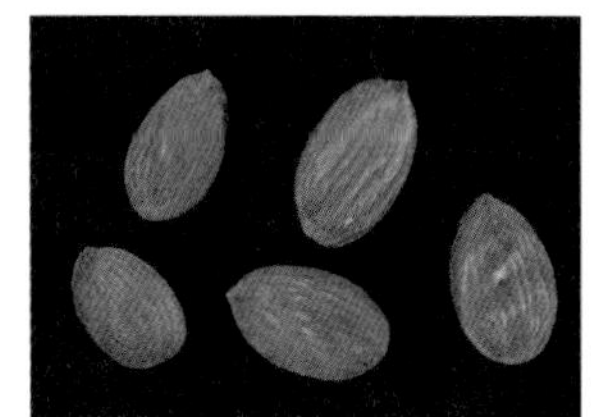

図3
モモの種子　（Is）　生薬名:桃仁（とうにん）

【学名】 *Prunus persica*（L.）Batsch

【科名】 バラ科

【においの部位とにおいの成分】

花：クマリン coumarin。

果実：γ - ウンデカラクトン γ -undecalactone（＝ピーチアルデヒド peach aldehyde)、酢酸エチル ethyl acetate、トランス -2- ヘキセナナール trans-2-hexenal、リナロール linalool、β - イオノン β -ionone、β - ダマセノン β -damascenone など。

種子（桃仁）：含まれているアミグダリンが加水分解を受けてベンズアルデヒド benzaldehyde を生じます。

トピック

食用にする果肉部分は白色系と黄色系があります。黄色系のモモはよく缶詰に使われます。これは果肉が白色系よりかたく、加工に適しているからです。また、糖度は白色系より弱いですが、加工中に糖を加えることで甘くできます。

ヤマユリ

日本特産の植物も、一時は絶滅の危機に

ヤマユリ（**図1**）は日本特産の多年草です。地下には、乳白色～黄白色の多肉の鱗片状の葉でできた、鱗茎があります。

鱗茎の径は6～10cmです。茎は断面が丸くて高さが1～1.5mになります。葉はササの葉のような形で、長さが10～15cmです。根は2種類あり、鱗茎の下に出る根は横しわがあり、鱗茎を土の中に引っ張る働きをします。一方、鱗茎から出た茎の下部に出る根は、土中から水分や養分を吸い取る働きをします。そのためにユリの鱗茎を植えるときは、この根が働けるようにある程度の深さに植える必要があります。花は7～8月に咲き、茎の先に数個、ときに20個もが横向きにつきます。花の径は12～20cmで6個の花被片で構成されています。花被片は白色で、中央に縦に黄色い着色部分があり、全体に赤褐色の斑点があります。雄しべは6本あり、花粉を入れた細長い葯はT字型に中央で柄（花糸）についています（**図2**）。花粉の赤い色素は、布につくと洗っても落ちないので、観賞用には雄しべを除いた花を使うこともあります。花には芳香があり、一輪を室内に飾るだけで、においに敏感な人は頭が痛くなるほど強く香ります。果実は上を向いて開きます（**図3**）。

本州の近畿地方以北の丘陵、山地に自生しており、関東、東北地方に特に多く、私が昔住んでいた東京の八王子では雑木林に行くとかなり生えていて、あたりに芳香を漂わせていました。かつて、八王子に次々と住宅地ができた頃は自宅の庭に植えるためにヤマユリを掘っていく人が多く、野生のヤマユリは絶滅寸前だったようですが、保護活動が行われて、かなり見られるようになりました。今では八王子の市の花に指定されています。また、神奈川県の県花でもあります

東京の伊豆諸島にはヤマユリの変種のサクユリ（タメトモユリ）が生えています。花はヤマユリより大きく、直径は30cmにもなり、赤褐色の斑点はありません。背丈も2mになり、世界最大のユリとされています。花には強い芳香があります。

図2 ヤマユリの花

図1 ヤマユリ

図3 ヤマユリの果実 （Is）

【学名】

ヤマユリ *Lilium auratum* Lindl. var. *auratum*

サクユリ *L. auratum* Lindl. var. *platyphyllum* Baker

【科名】 ユリ科

【においの部位とにおいの成分】

ヤマユリの花：岡崎具視氏らの研究（日本化学会誌 1973）によれば、リナロール linalool（主成分）、オシメン ocimene、ベンジルアルコール benzyl alcohol など。サクユリの花の論文は見当たらないですが、同様なものと思われます。

トピック

ヤマユリは関西には自生しませんが、香りのよいササユリが本州中部から四国、九州に生え、ヤマユリと呼ぶこともあります。草丈は1m ほどで花は径が 10 ～ 15cm、色は白～淡紅色で赤褐色の斑点はありません。葉はササの葉に似ています。岡崎氏らの研究によると花の精油は天然物としてははじめての 2,6,6- トリメチル -2- ビニル 5- ケトテトラヒドロピラン 2,6,6- trimethyl-2-vinyl-5-ketotetrahydropyran が主成分で、ヤマユリのようなリナロールは少ないです。

ユズ

日本料理を引き立てる香り

ユズはミカンの仲間の常緑高木で枝にはとげがあります。葉身は先がとがっただ円形で、長さは6～10㎝ほどです。葉柄は長く、ここに葉身と同質の翼が出るために、まるで大小2つの葉身が連なっているように見えます。花は初夏に咲き、径が1～2㎝ほどの白色の5弁花です（**図1**）。果実は秋に実り、直径が4～8㎝のややつぶれた球形です。果皮はやや厚く、外面は黄色で精油を含んだ油室の部分が少し凹んで、細かな凹凸があります（**図2**）。これをユズ肌といいます。果皮をむくと10個ほどの房があります。房の中の砂瓤の果汁はかなり酸っぱいです。種子は1果中に20～40粒ほどあります。ただ、栽培品種の中には無核ユズといって、小形で種子のないものもあります。

中国中部原産で、日本には奈良時代、あるいは飛鳥時代に渡来したと推定されています。日本では漢字で柚あるいは柚子と書きますが、中国では香橙といい、柚はザボン（ブンタン）です。

ミカン類の中では最も寒さに強く、青森県でも栽培が可能です。ただ生長が遅く、「モモ、クリ3年、カキ8年、ユズの大馬鹿18年」という言葉があるように、種子をまいてから開花結実までに20年近くを要します。これではユズの生産に向いていないので、普通はカラタチに接ぎ木をします。これなら数年で結実をします。産地としては徳島県、高知県が有名ですが、その他、多くのところで作られています。接ぎ木のユズと比べると、種子から育てた実生のユズのほうが果実が大きく、香りが高く、味も濃くて美味しさは抜群です。

果汁を絞ったあとの果皮も食用になります（**図3**）。でも果実がなるまでは無収入ですし、なってもとげだらけの背の高い木の上のほうにつくので、収穫がたいへんです。そのため全国でも5000本ほどしか植えられていないそうです。

ユズの種子の表面にはペクチン質が多いので、洗わずに20度の焼酎に浸けて1か月以上おくと化粧水になり、肌荒れに使えます。

図2　ユズ

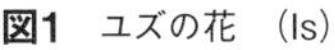

図1　ユズの花　(Is)

図3　ユズの果皮の乾燥品
大阪箕面市産

【学名】　ユズ　*Citrus junos*（Makino）Siebold ex Tanaka

【科名】　ミカン科

【においの部位とにおいの成分】

果皮：*d*- リモネン *d*- limonene（70-80%）、γ - テルピネン γ -terpinene（9%前後）、α - ピネン α -pinene（5% 前後）など。

トピック

ユズの果皮は香りがよいために、その香りを利用した使い方が多いです。特に淡白で香りの少ない日本料理によく合い、その香りを利用した使い方が多いです。生のユズを用意しておき、必要に応じて少しずつ削って用います。このほか、昔から伝わる甘味菓子で、ユズともち米粉、砂糖などを練って蒸しあげたゆべし（柚餅子）、ユズの香りと酸味を生かしたポン酢、ユズ味噌、ユズ胡椒、ユズ羊羹、ユズシャーベット、マーマレードなど各種の製品があります。冬至の日にユズを浮かべたユズ湯に入る風習は、江戸時代に庶民の間から広まったといわれています。香りを楽しむだけでなく、精油が皮膚を刺激して血行を促します。

ヨモギ

香り成分は、ラベンダー、ローズマリー、クスノキにも含まれる

春の草原に見られるヨモギの若葉（**図1**）は全体が毛に覆われて白っぽい緑色をしています。この時期のヨモギはモチグサと呼ばれ、美味しい草餅の原料になります。

一方で、ヨモギは除去が困難な強雑草として知られています。モチグサの時期を過ぎればぐんぐん生長し、地下茎で広がります。そのままにしておくと秋には高さが1ｍほどのヨモギのやぶになります（**図2**）。しかも花粉症の原因にもなる厄介な植物です。

しかし、ヨモギは身近に生えており、よい香りがするので、草餅だけでなく、ご飯に混ぜたり、お茶にしたり、風呂に入れたりしてずいぶん役に立っています。ヨモギの香りはラベンダー、ローズマリーなどに含まれる1,8-シネオール、クローブやローズマリーに含まれるカリオフィレン、クスノキの成分の樟脳など、とても道端の草とは思えない「一流」の成分で構成されています。

草餅は若いヨモギの葉を蒸してすりつぶしたものを餅とともに練って作ります（**図3**）。淡い緑色とほのかな香りが野趣に富み、しかも上品で、誰にも好まれます。ヨモギの葉を使う理由はこの色と香りだけでなく葉の裏にびっしり生えたやわらかい毛が餅のつなぎになるためです。

沖縄ではフーチバ（ニシヨモギ）を炊き込んだご飯があります。フーチバは香りがよく、苦味が少なく、食べるには適しているそうです。

ヨモギの茶は摘んできたヨモギの葉を干し、細かく刻んだものに普通の茶のように湯を注いで作ります。ヨモギ風呂はヨモギの茎葉を刻んで鍋で煮て、その煮汁を風呂の湯に加えます。美肌効果とポカポカになる保温効果があるそうです。

薬としては、ヨモギは止血薬になります。切り傷、打撲、はれものには、生の葉をもんだものや、葉の汁を外用しました。また、ヨモギの葉の裏の毛を集めたものが、灸に使うもぐさ（艾）です。もぐさはヨモギ、あるいは近縁のオオヨモギ（ヤマヨモギ）の葉を乾燥させて石臼で粉砕したあと、ふるいで粉になった葉を除き、互いにからみ合ってふるいの上に残った毛を集めたものです。この作業で空気中に漂う毛に火がついて火事になることがあるそうです。

図1　ヨモギの若葉
モチグサの状態

図2　秋のヨモギ

図3　草餅用にヨモギの若葉を擂り潰したもの

【学名】

ヨモギ　*Artemisia indica* Willd. var. *maximowiczii*（Nakai）H.Hara = *A. princeps* Pamp.

オオヨモギ　*A. montana*（Nakai）Pamp.

ニシヨモギ　*A. indica* Willd

【科名】　キク科

【別名】　干した葉の生薬名は艾葉（がいよう）です。

【においの部位とにおいの成分】

葉：テルペノイドを主とした精油（0.45 ～ 1%）を含み、

1,8- シネオール 1,8-cineol、4- テルピネオール 4-terpineol、

β - カリオフィレン β -caryophyllene、ボルネオール borneol、

樟脳（カンフル）camphor、リナロール linalool などよりなります。

【似た植物】

猛毒なトリカブトに似ているという説もありますが、トリカブトは葉に毛がありません。またヨモギの香りもありません。

ライラック（リラ、ムラサキハシドイ）

日本語名はムラサキハシドイ

ライラック（図1）は高さ6～7ｍになる落葉低木で、葉は対生し、長さ4～10㎝の幅の広い卵形で、先はとがっています。基部は平らかわずかに凹んで浅いハート形になっています（図2）。

花は4～5月に咲き、枝の先に長さ10～20㎝の円錐花序を出し、たくさんの花をつけます。花の色は白（図3）、淡青紫色、紅紫色、紅色などです。花には芳香があります。花の下部は長さ1㎝ほどの筒状で、上部は4裂して開きます。稀に5裂するものがあり、これをラッキーライラックといい、見つけたら飲み込むと幸運が訪れるそうです。

一方で、ライラックの青や紫色の花が暗い色なので、悲しいことと結びつけて不幸な花という見方もあり、アメリカではこの花を身につけると、結婚相手が見つからないと信じられているそうです。

ヨーロッパ東南部の山地の原産で15世紀にイタリアに導入され、16世紀にはヨーロッパ中に広がりました。19世紀になると品種改良が盛んになり、種々の花色や八重咲などが生まれて注目されるようになりました。今では観賞用としてヨーロッパ、アメリカで広く栽培されています。

日本には明治時代に渡来しました。涼しい場所を好む植物で、観賞用として北海道で公園や街路によく植えられ、札幌市の木に指定されています。札幌と旭川を結ぶ特急列車にはライラック号があり、日本一速い特急だそうです。また、北海道には湧別市のオホーツク・リラ街道、地内町のライラック街道などがあります。

ライラック、リラは外国語のカタカナ訳ですが、ムラサキハシドイは完全な日本語です。ハシドイという木に似て花が紫色だからです。ライラックの仲間はユーラシア大陸に約30種が生えており、日本にはただ1種、ハシドイが北海道、本州、四国、九州の山地に生えています。高さ10ｍになる落葉高木で、花が枝の先に集まってつくので端（はし）に集（つど）うということで、ハシドイの名がつきました。もともとは木曽地方の方言だそうです。花は白色で芳香があります。

図1　ライラック　(Up)

図3　白色のライラックの花　(Up)

図2　ライラックの葉　(Up)

【学名】 ライラック　*Syringa vulgaris* L.

【科名】 モクセイ科

【別名】 英名：lilac ／フランス名：lilas

語源はどちらもペルシャ語で青色を意味する lilak ではないかと思われます。英名には pipe tree もあります。これは学名の Syringa がギリシャ語の笛に由来しているためです。昔、ギリシャではライラックの枝をくり抜いて笛を作っていたようです。

【においの部位とにおいの成分】

花：オシメン ocimene（主成分）、
1,4- ジメトキシベンゼン 1,4-dimethoxybenzene、
シス -3- ヘキセノール cis-3-hexenol など。

【似た植物】

ハシドイ　*S. reticulata*（Blume）H.Hara

ラベンダー

代表的な「精油」の香り

ラベンダーの仲間（シソ科ラベンダー属 *Lavandula*）は37種あるそうですが、その中に香料用に使われるものがあります（**図1**）。これはコモンラベンダー common lavender、イングリッシュラベンダー English lavender あるいは真正ラベンダーとも呼ばれますが、単にラベンダーといった場合は通常この植物を指します。本書でもこの植物をラベンダーと表記をします。

ラベンダーは地中海沿岸地域の、やや涼しい標高１０００ｍ前後のところに野生しており、香料用、観賞用として栽培もされています。高さは１．３ｍほどで、背の高さや姿から多年草と思う人がいますが、実は木本植物です。葉は細く厚みがあり、茎に対生します。夏になると茎の先に多数の花をつけます。花は長さ１．５㎝、径が１㎝程度の唇形花で、色は紅紫色から青紫色です。開花期に花も含めて茎の上部を刈り取り、蒸留して精油を採ります。

日本では北海道の富良野（ふらの）地方がラベンダーの栽培地として有名です。昭和12年に曽田香料がフランスからラベンダーの種子を輸入しました。これを材料に各地で試験栽培が行われました。北海道は栽培に適しているようで、昭和27年には中富良野で栽培がはじりました。富田忠雄氏も昭和33年に自分の農地をラベンダー畑にしました。

その後、香料成分の合成や輸入の自由化で、精油の買い取り価格が下がるなどの問題もあったようですが、広大な「ファーム富田」は維持されました。昭和51年にはこのラベンダー畑が国鉄のカレンダーにより全国に紹介されました。どこまでも続く紫色の畑は素晴らしく、全国から観光客が来るようになり、ファーム富田は世界的に有名な観光地になりました（**図2**）。

ヨーロッパではラベンダーよりやや暖かいところに生育するスパイクラベンダー Spike lavender（ヒロハラベンダー）、ラベンダーとスパイクラベンダーの雑種であるラバンジン lavandin もよく栽培されています。

一方、においが弱く、においの質も違いますが、花穂の上部にウサギの耳のような形の苞葉がついていて観賞用に栽培されているものに、フレンチラベンダー French lavender があります（**図3**）。

図2　ファーム富田のラベンダー畑

図3　フレンチラベンダー

図1　ラベンダー
早咲きで香りのよい「おかむらさき」という栽培品種

【学名】

ラベンダー（イングリッシュラベンダー）　*Lavandula angustifolia* Mill. = *L. officinalis* Chaix.

スパイクラベンダー（ヒロハラベンダー）　*L. latifolia* Vill. = *L. spica* DC

ラバンジン　*L.* x *intermedia* Emeric

【科名】　シソ科

【においの部位とにおいの成分】

花序を含んだ茎葉の上部：ラベンダーとラバンジンはリナロール linalool と酢酸リナロール linalyl acetate、スパイクラベンダーはリナロールと 1,8- シネオール 1,8-cineole を主成分とします。

【似た植物】

フレンチラベンダー *L. stoechas* L.。精油はフェンコン fenchone と樟脳 camphor を主成分とします。

リュウノウギク

目に美しく薬効もある野草

リュウノウギク（**図1**）は本州の福島県、新潟県以西と四国、九州に分布する草丈は40～80㎝ほどになる多年草です。郊外の丘陵や道の横の日のあたる斜面に生え、秋遅く、他の花があまり見られなくなった頃に花が咲くのでよく目立ちます。頭花は径が4～5㎝程度で、中央の筒状花の部分は黄色、まわりを飾る舌状花は白色で（**図2**）、ときに淡紅色になることもあり、美しいです。葉は長さ4～8㎝で先は3つに切れ込んでいます。身近な野草でありながら観賞価値の高い植物です。精油を含んでいて、葉をもむと香料の龍脳（ボルネオール）の香りがするので、リュウノウギクの名がつきました。キク科の野草の中にはハキダメギク、ノボロギク、ブタクサなどという気の毒な名前のついたものがありますが、リュウノウギクとは何とも高級な名前です。

全草を風呂に入れて薬湯にすれば、精油が肌を刺激して血行を促し、肩こりや神経痛などの症状改善に役立ちます。昔はキクの風呂というと主にリュウノウギクの茎葉を使っていたそうですが、折角きれいに咲いている草をたくさん採るのは気が引けます。それに薬湯にするときは植物を袋に詰めて風呂に入れますので、花は見えません。もしやるなら同じ効果があり、空き地や河原に群生しているヨモギを使ってください。

リュウノウギクの名前のもとになった龍脳（**図3**）の採れる木は、マレー、ボルネオ、スマトラに自生する常緑高木のリュウノウジュで、木の高さは60ｍに達するものもあるそうです。葉は長さ5～10㎝のだ円形で先がとがっています。花は径が2㎝ほどの白い5弁花です。龍脳はこの木の樹脂で、樹の割れ目や空洞についています。6世紀ごろ、アラビア人がこれをヨーロッパに紹介しました。その後ポルトガルが龍脳貿易の中心でした。

龍脳は、当初は高額でしたが、その後、木片を容器中で加熱すると、木の中に含まれている龍脳が気化して冷えた場所につき、結晶化することがわかって収穫が容易になりました。さらにその後、樟脳を還元すれば龍脳になることがわかり、リュウノウジュの需要はなくなりました。

図1 リュウノウギク

図3 龍脳

図2 リュウノウギクの頭花

【学名】 リュウノウギク *Chrysanthemum makinoi* Matsum. et Nakai

【科名】 リュウノウギク キク科 リュウノウジュ フタバガキ科

【においの部位とにおいの成分】

リュウノウギク 全草：龍脳 borneol、樟脳 camphor、カンフェン camphene など。

リュウノウジュ全体、特に樹幹：龍脳、その他テルペン類。

【似た植物】

リュウノウジュ *Dryobalanops aromatica* C.F.Gaertn. （フタバガキ科）

全体、特に樹幹に龍脳。そのほかテンペル類を含んでいます。

トピック

龍脳のにおいは樟脳に似ていますが、それよりすっきりしたクールなにおいです。昔、習字に使った墨は煤（すす）をにかわで固めたものですが、にかわの悪臭を隠すために龍脳が混ざっていました。それで墨をするときににおってきたのが龍脳のにおいです。また、薬の龍角散のにおいも龍脳です。

リンゴ（セイヨウリンゴ）

中国由来のリンゴは今も長野県で栽培されている

リンゴは植物の名前でもあり、その植物から採れる食用にする果実の名前でもあります。ここでは植物のことをリンゴ、果実は「果実」で表記します。

我々が日常果実を食べているリンゴ（セイヨウリンゴ）は、西アジア原産でヨーロッパでは古くから栽培されており、日本には品種改良された果実の大きなリンゴが明治の初めにアメリカ経由で導入され、北海道や本州の長野県以北で盛んに栽培されるようになりました。

木は落葉高木で、高さは５ｍくらいです（**図１**）が、15ｍに達するものもあるそうです。葉は互生し、だ円形から卵形で葉身の長さは６～13㎝です。花は４～５月頃に咲きます。５枚の花弁からなり、白色で淡紅色を帯び、径は３～４㎝です（**図２**）。果実は秋に熟し、径が７㎝前後の球形で表面は多くは赤く（**図３**）、黄色、緑色のものもあります。ナシ状果で、中央の種子のある部分が子房由来で、まわりの食用にする大部分はそれを包む花托です。

果実には特有のよいにおいがあります。においの成分分析と薬理作用についてはナード・アロマテラピー協会会長の小池一男氏が東邦大学の教授だったときに、大学院生の粕谷ひかる氏を指導して共同で研究をしました。その概要が会報誌、Chemotype Aromatherapy vol.１６２（２０２３）に書かれています。それによりますと、福島市産のリンゴ、「サンふじ」の果実から精油を得て、これを分析した結果、α-ファルネセンを主成分とする26種の成分が得られました。においの薬理作用としてはにおいを嗅いだマウス（ハツカネズミ）の実験で、抗不安作用（リラックス作用）があることが明らかになりました。

これまで書いてきたリンゴは、セイヨウリンゴともいいますが、それ以前に中国から渡来したリンゴがあり、これをワ（和）リンゴ（ジ（地）リンゴ、トウ（唐）リンゴ）といいます。中国名は花紅、林檎などです。日本には平安時代に渡来し、一部で栽培されていました。果実の径は４㎝ほどです。セイヨウリンゴが日本に導入されると、ワリンゴはほとんど栽培されなくなりました。長野県飯綱町に伝わる高坂（こうさか）リンゴはその名残りだそうです。

図1　リンゴ

図2　リンゴの花　(Is)

図3　リンゴの果実

【学名】

リンゴ（セイヨウリンゴ）

Malus domestica Borkh.（ ＝ *M. pumila* Mill. var. *domestica*（Borkh.）C.K.Schneid.）

【科名】　バラ科

【においの部位とにおいの成分】

果実：α - ファルネセン α -farnesene（主成分）、
2- メチル酪酸ヘキシル hexyl 2-methyl butylate、
ヘキサン酸ヘキシル hexyl hexanoate、ヘキサノール hexanol、
酪酸ヘキシル h exyl butylate、リモネン limonene など。

【似た植物】

ワリンゴ　*M. asiatica* Nakai（= M. pumila Mill. var. *asiatica*（Nakai）Koidz.）

トピック

リンゴの名前は檎の呉音がゴンで林檎はリンゴンと呼ばれ、それが転じたものという説があります。

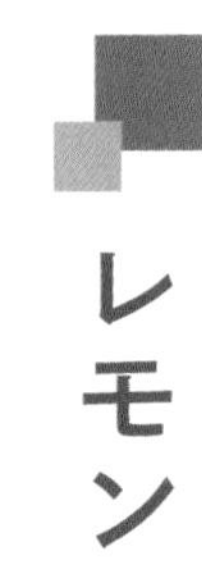

レモン

果皮も果実も凍結して使うと風味倍増

レモン**（図1）**は高さ3～6mほどになる常緑樹です。葉はやや厚く、濃緑色、長さ10㎝前後ではぼだ円形、先はとがっています。枝にはとげが生えています。花は四季咲き性で、5枚の花弁から成り、直径は3～5㎝、内面は白色ですが、外側は紫色を帯びています。20本ほどの雄しべと1本の雌しべがあります**（図2）**。雌しべは受粉後半年経つと子房が膨れて果実になります。果実**（図3）**は長さ7～8㎝の卵形ないしは紡錘形（ラグビーボール形）で、外面は黄色、先端には乳頭と呼ばれる突起があります。果皮は外果皮とスポンジ状の中果皮からなりますが、外果皮の部分に精油を含んだ油室が多数あり、これが外側から見ると小さな凹みとして見られます。

果皮の内側の果肉は内果皮に包まれた10個ほどの房からなり、その中には果汁を含んだ砂瓤があって、淡黄色です。果汁は果皮のような香りはほとんどありませんが、クエン酸が多くて非常に酸っぱいです。そのために果実を輪切りにして紅茶などに入れ、果皮の香りと果肉から出る酸味を楽しみます。また果実を冷凍庫で凍結させて使うのもよい方法です。凍結した果実をおろし金で粉にして料理にふりかけると、思いもよらぬおいしさになるそうです。香りを楽しみたい場合は果皮の部分を粉にします。細胞壁が凍結で壊れやすくなっており、香りの出方もよいそうです。凍結するときも保存するときもラップに包んで他のにおいが混ざったり、においが逃げたりしないようにします。

外果皮に含まれる精油の主成分はd－リモネンで精油全体の60～70％を占めます。

d－リモネンには鎮静作用や消化吸収促進作用がありますが、香りは弱く、においに寄与しているのは、含量は少ないですが、シトラールです。

レモンは耐寒性がなく、マイナス3℃以下になると枯れてしまい、冬の寒さや霜には弱く、5℃以下になると危険です。また、湿った土地を嫌います。そのために地中海沿岸は非常によい生産地です。アメリカには15世紀以降に伝わり、カリフォルニアでの栽培が盛んです。日本に伝わったのは明治時代の初期で、今では広島県、愛媛県の沿岸地方が大きな産地になっています。

図2 レモンの花 （Is）

図3 レモンの果実

図1 レモン （Is）

【学名】 レモン *Citrus limon*（L.）Osbeck

【科名】 ミカン科

【においの部位とにおいの成分】

果皮：*d*- リモネン *d*-limonene（60 ～ 70%）、
α , β - ピネン α , β -pinene、γ - テルピネン γ -teroinene 、
シトラール citral など。

トピック

レモンの原産地はインドのヒマラヤ山麓です。これがヨーロッパに伝わったのはいくつか諸説がありますが、地中海沿岸で盛んに栽培されるようになったのは 12 世紀頃です。

レモンは香りだけでなく、大航海時代の船乗りたちに大きな貢献をしました。それは果肉中のビタミン C（VC）の存在です。VC が不足すると体内の各器官で出血が起こる壊血病になりますが、VC は新鮮な野菜に含まれているので、普通は不足することはありません。しかし何か月にも及ぶ航海では新鮮な野菜不足で壊血病になります。それを救ったのがレモンです。

ロウバイ

芳香の理由は冬の数少ない昆虫を誘(いざな)うため

ロウバイ（**図1**）は中国原産の落葉低木で、江戸時代初期に日本に渡来しました。ロウバイの名は中国名の蠟梅の音読みです。蠟は「蝋」とも書きます。蠟梅の名について李時珍は『本草綱目』の中で、花の咲く時期がウメと同じで、香りもウメに似ていることと、花の色が蜜蠟に似ていることからつけられたと書いています。この説明は納得できますが、蠟月（旧暦の12月）に咲く梅のような花だから蠟梅だという説もあります。

ロウバイはまだほかに花の少ない1月の初めに花が咲きます。その頃には葉はなく、芳香のある黄色い花が木を飾ります。花の径は約２㎝です。原始的な花で、花被は萼片と花弁の区別がなく、数も決まっておらず、多数がらせん状につきます。外側の花被片は黄色、内側の花被片は小さく暗褐色です。内側の花被片も黄色いものをソシンロウバイ（素心蠟梅）といいます（**図2・3**）。雄しべは5～6本、雌しべは花の中央に多数つきます。花が終わると花床が伸びて雌しべを包み、細長い偽果を作ります。偽果は長さが約３㎝、外面が暗褐色で光沢がなく、まるで虫の巣のようです（**図4**）。偽果の中には痩せて種子のように見える小さな果実が数個入っています。

ロウバイの花はよいにおいがします。そのにおいは強いです。これは花粉を媒介し、授粉を手伝ってくれる昆虫がまだあまりいない寒い時期なので、ここに花が咲いていますよ、と昆虫に知らせるためです。花が目立つ黄色い色なのも昆虫を呼ぶためでしょう。

ロウバイの花のにおいと色は人も呼び寄せます。東京の神代植物公園にはロウバイがたくさん植えられている場所があり、開花の様子が新聞やテレビで報道されると、多くの人が写真を撮ろうとやってきます。２００７年に発行された郵便切手の「東京の名所と花」シリーズには、東京タワーと芝公園のロウバイをデザインしたものがあります。大規模なものでは埼玉県長瀞の宝登山(ほどさん)山頂のロウバイ園が有名です。２０００本のロウバイが植えられています。

ロウバイおよびソシンロウバイの蕾を乾燥したものは蝋梅花(ろうばいか)といい、生薬として使います。熱によるめまい、もだえ、ノドの乾燥やはれ、咳に使います。

図3 ソシンロウバイの花

図2 ソシンロウバイ（素心蝋梅）

図4 ロウバイの熟果
虫の巣のよう

図1 ロウバイの花
内側の花被片は暗褐色

【学名】

ロウバイ *Chimonanthus praecox*（L.）Link

ソシンロウバイ *C. praecox* forma *concolor* Makino

【科名】 ロウバイ科

【においの部位とにおいの成分】

花：α-オシメン α-ocimene、3-ヘキセノール 3-hexenol、リモネン limonene、リナロール linalool、リナロールオキシド linalool oxide、ミルセン myrcene、酢酸ベンジル benzyl acetate など。

【似た植物】

ロウバイ科の別属にアメリカ産で花が暗褐色のクロバナロウバイ（アメリカロウバイ）*Calycanthus floridus* L. var. *glaucus*（Willd.）Torr. et A.Gray があり、明治の中頃に日本に渡来しました。茶花として茶室に飾られます。

ローズマリー（マンネンロウ）

ローズマリーは高さ0.3～2ｍの常緑の低木です。地をはうものから、直立するものまでいろいろなタイプがあります。葉は対生し、長さ2～4㎝、幅3㎜ほどで、先はとがっています。辺縁は裏側に向かって丸まり、葉の下面は多毛で白色です。花は日本では11～5月頃に咲き、色は白、青～紫色。二唇形で、縦の長さは1～1.5㎝、上唇は2裂、下唇は3裂をしています**（図1）**。原産地は地中海沿岸一帯です。私は2007年にヨーロッパ旅行でフランスの港町、マルセイユに着いて海のほうを見たら、砂浜に背の低い植物が地面をはうようにたくさん生えていました。興味を持って見に行くと、それはローズマリーでした**（図2）**。帰国して苗を買い、わが家の庭に植えたところ、高さが1.6ｍにもなり、マルセイユのものとは姿が全く違います**（図3）**。

ローズマリーは花も葉も精油を含んでおり、その香りが肉の臭みを取ることから、ヨーロッパでは肉料理などに盛んに使われてきました。また、香りは気分を高める働きがあり、自分に自信を持たせてくれます。シャンプーなどに精油を混ぜて使うと頭皮の血行を高め、抜け毛、白髪、フケに効くそうです。

含有成分はアルツハイマー病予防に期待

揮発性はありませんがローズマリーに含まれているロスマリン酸は抗酸化作用や抗炎症作用があります。最近は東京大学、金沢大学など多くの大学の研究で脳のアルツハイマー病の予防に有効ではないかと考えられています。

ローズマリーの生産国はフランス、チュニジア、スペイン、イタリアなどの地中海沿岸の国のほかにインド、イギリス、南アフリカ、中国、アメリカ、オーストラリアなどです。

ローズマリーは英語のrosemaryをカタカナにしたものです。rosemaryは学名の*rosmarinus*に由来します。ラテン語でrosは「しずく」、marinusは「海の」という意味で、全体で「海のしずく」という意味になり、海辺に生える植物としてつけたものです。ところがヨーロッパではrosemaryを「聖母マリアのバラ」ととらえる人が多く、スペインでは花はもともと白かったのにマリアが青い衣服をかぶせたら青くなったという伝説があるそうです。

図1　ローズマリーの花

図2　マルセイユの海岸のローズマリー

図3
我が家の
ローズマリー

【学名】

ローズマリー　*Salvia rosmarinus* Schleid.（= *Rosmarinus officinalis* L.）

【科名】　シソ科

最初の学名はリンネが１７５３年に命名した上記の（　）内の *Rosmarinus* 属でしたが、近年の遺伝子の研究でアキギリ属 *Salvia* になりました。

【においの部位とにおいの成分】

花を含んだ茎葉：1,8- シネオール 1,8-cineol、樟脳 camphor、龍脳 borneol、酢酸ボルニル bornyl acetate、β - カリオフィレン β -caryophyllene など。

一般に 1,8- シネオールが主成分でまろやかな香りがしますが、成分含量は産地により異なり、樟脳が多い鋭い香りのものもあるようです。

トピック

別名のマンネンロウの由来は、中国語由来のような気がしますが、中国では迷迭香と呼び、マンネンロウにはなりません。常に香りがするという意味でマンネンコウ（万年香）と呼び、間違えてマンネンロウと書いてしまったという説があります。

ワサビ

平安時代より親しまれていた薬味

ワサビ（**図1**）は アブラナ科の多年草で、本来は深山の清らかな渓流に生える植物ですが、畑での栽培も行われています。太い円柱形の根茎（**図2**）が地に接し、ここから茎が直立し、高さ20～40㎝になります。根出葉は長い柄があり、径が6～12㎝ほどの円形で基部はハート形に切れ込んでいます。茎につく葉は互生し、小さいですが、やはりハート形で柄があります。花は3～5月に咲き、直径3㎜ほどの白色の4弁花が茎の上部に総状につきます（**図3**）。雄しべは6本で、そのうち4本は長く、雌しべは1本です。花の下には苞がついています。根茎は香りと辛味があり、料理に使います。かなり昔から使われていたようで、平安時代の『延喜式』（905）には若狭、越前、丹後、但馬、因幡、飛騨から献納されたとあります。

栽培には「沢ワサビ」といって渓流の流れを利用する方法と、「畑ワサビ」といって畑を使う方法とがあります。畑ワサビは半日陰で、18℃くらいの温度が保て、保水性があるとともに水はけがよい土地で栽培します。畑ワサビは主として葉を利用します。

ワサビの近縁種にユリワサビがあります。根茎は細く、茎も細くて直立できず、倒れています。冬に葉の枯れたあとの付け根の部分がユリの鱗茎に似ているので、この名前になったのだそうです。ワサビ、ユリワサビとも北海道から九州まで生える、日本だけの特産種です。この両種は日本がアジア大陸と陸続きだった氷河期に渡来して、日本で進化したものと思われます。

ワサビの香りの成分は同時に辛味の成分でもあり、口に入れば辛いし、気化して目に入れば涙が出ます。この成分は生の植物ではシニグリンという糖が結合した形で存在して気化せず、植物を潰すか、すり下ろすと植物内に混在する酵素の働きで糖がはずれて発生します。ワサビをすり下ろしていると涙が出るのはそのためです。

ワサビの *Wasabia japonica* という古い学名は東京帝国大学の松村任三教授が1912年に発表したものです。学名はラテン語の文法に従えば他国語でもよいということでワサビをローマ字で書き、最後に女性名詞を意味するaをつけたものです。

図1　ワサビ

図3　ワサビの花

図2　ワサビの根茎　(Is)

【学名】

ワサビ　*Eutrema japonicum*（Miq.）Koidz.（= *Wasabia japonica*（Miq.）Matsum.）

【科名】　アブラナ科

最初は大陸に生えている近縁の *Eutrema* 属植物と違うということで、*Wasabia* という学名がつきましたが、属を変えるほどの違いがないことから今では *Eutrema* 属とされています。

【においの部位とにおいの成分】

根茎ほか : アリルイソチオシアネート allyl isothiocyanate などのイソチオシアネート類。

【似た植物】

ユリワサビ *E. tenue*（Miq.）Makino（=*W. tenuis*（Miq.）Matsum.）**（図 3）**

トピック

イソチオシアネート Isothiocyanate は R-N=C=S の化学構造の化合物で窒素（N）、炭素（C）、硫黄（S）からなる化合物で、R はアリル基などの置換基です。

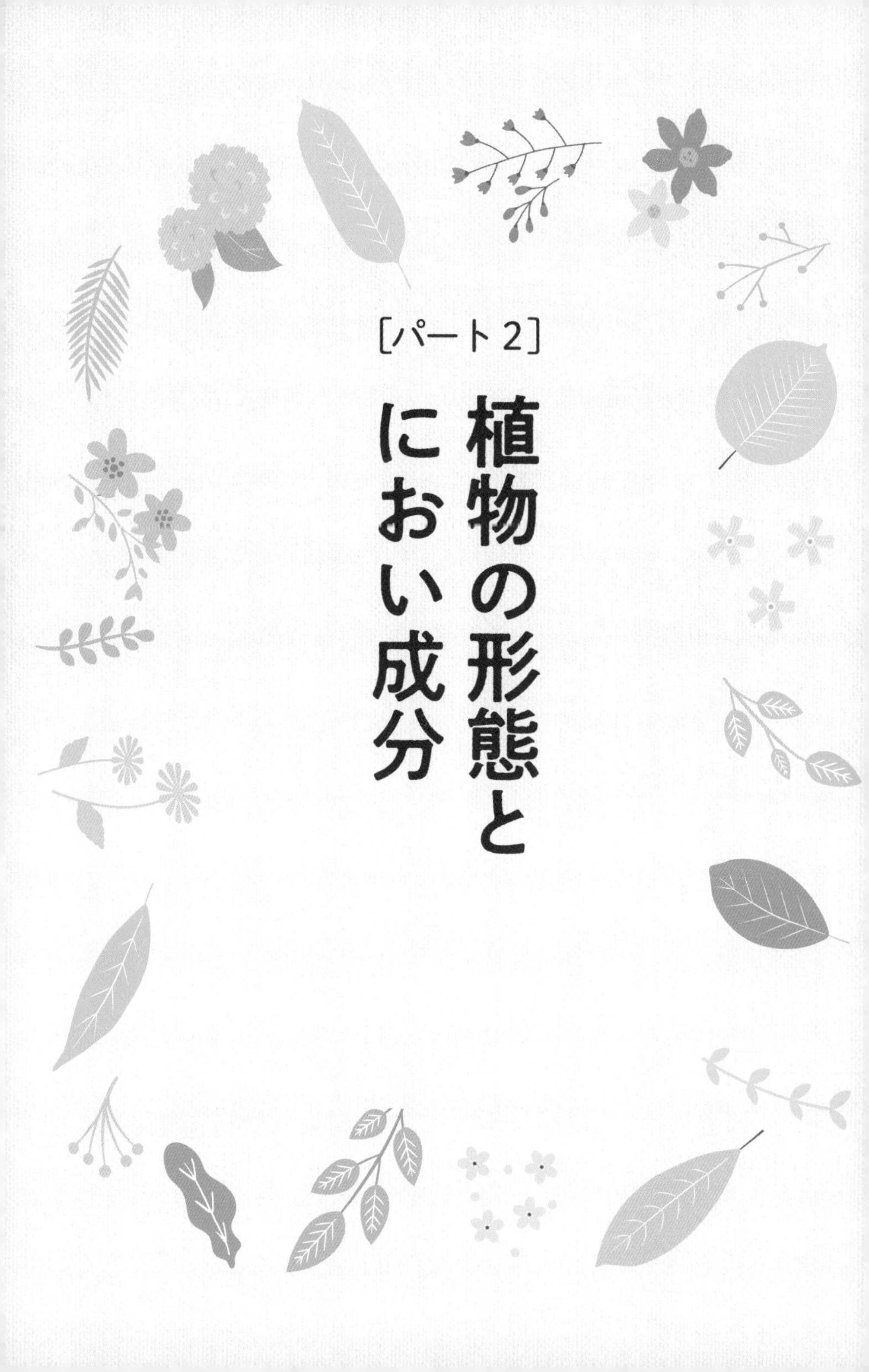

［パート2］

植物の形態とにおい成分

植物の形

1 茎

茎は葉や花をつけ、根から吸い上げた水や無機成分（肥料分）および葉で光合成によって作られた糖分の通路になります。そして葉の光合成や花の受粉に有利なように、普通は空気中に直立をします。

草（草本植物）やごく若い木の茎は外側が1層の細胞からなる表皮に被われています。内部は柔細胞からできており、その中を維管束が下から上へと伸びています。維管束には篩部と木部があり、篩部にある篩管は葉が光合成で作った糖分を運び、木部には導管があって根から吸い上げた水分の通路になっています（**図1**）。

茎には地下に伸びる地下茎もあります。そのうち長く伸びるものを根茎（**図2**）といいます。根とは違って節があり、そこから葉や芽を出します。また園芸で「球根」といわれる球茎、塊茎、鱗茎（**図3**）も、根ではなく地下茎です。

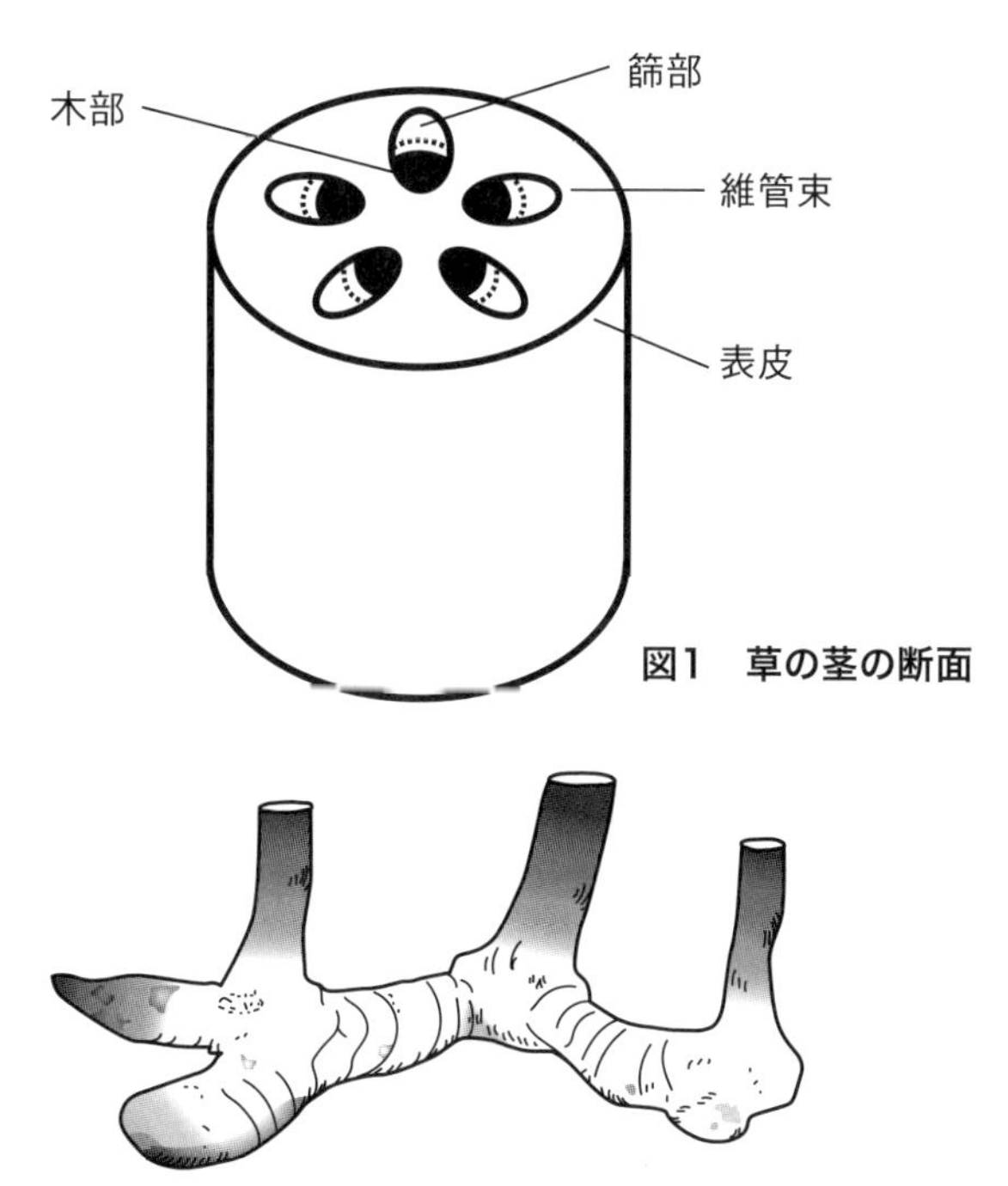

図1　草の茎の断面

図2　ショウガの根茎（根茎の1例）

茎が短縮化し、肥大した葉などが鱗状に重なって球状になったもの。

図3　ゆりの鱗茎

2 葉

葉は太陽光を利用して炭酸ガスと水から糖を作る光合成のための器官で、青い光と赤い光を利用します。緑色の光は使わないので、葉は緑色に見えます。葉は扁平な葉身、これを支える葉柄、葉柄の基部にある一対の托葉からなっています。

葉身は切れ込みがあっても、1枚の葉からなる単葉と、いくつもの小葉に分かれる複葉があります。

葉身の形は線形、円形、だ円形、披針形、卵形などいろいろあります（図4）。また、ヤツデのように掌状に切れ込むもの、タンポポのように羽状に切れ込むものがあります。さらにアスパラガスのように鱗片状になるもの、サボテンのようにとげになるものもあります。

複葉は小葉のつき方によって羽状複葉、掌状複葉（図5）、クローバー、ミツバのような三出複葉などがあります。

葉の茎へのつき方は1か所に1枚がつく互生、2枚がつく対生、3枚以上がつく輪生があります。対生ではシソ科植物のように上下の対生葉のつく位置が90℃ずれて、茎を上から見ると4方向に葉が出ているように見えるものが普通です。これを十字対生といいます。枝は葉の脇から出るので、葉が対生の植物では枝も対生です。根生という言葉もありますが、根が葉を生じることはなく、タンポポのように根の上のごく短い茎から出ることを根生といいます。

図4　葉身のかたち

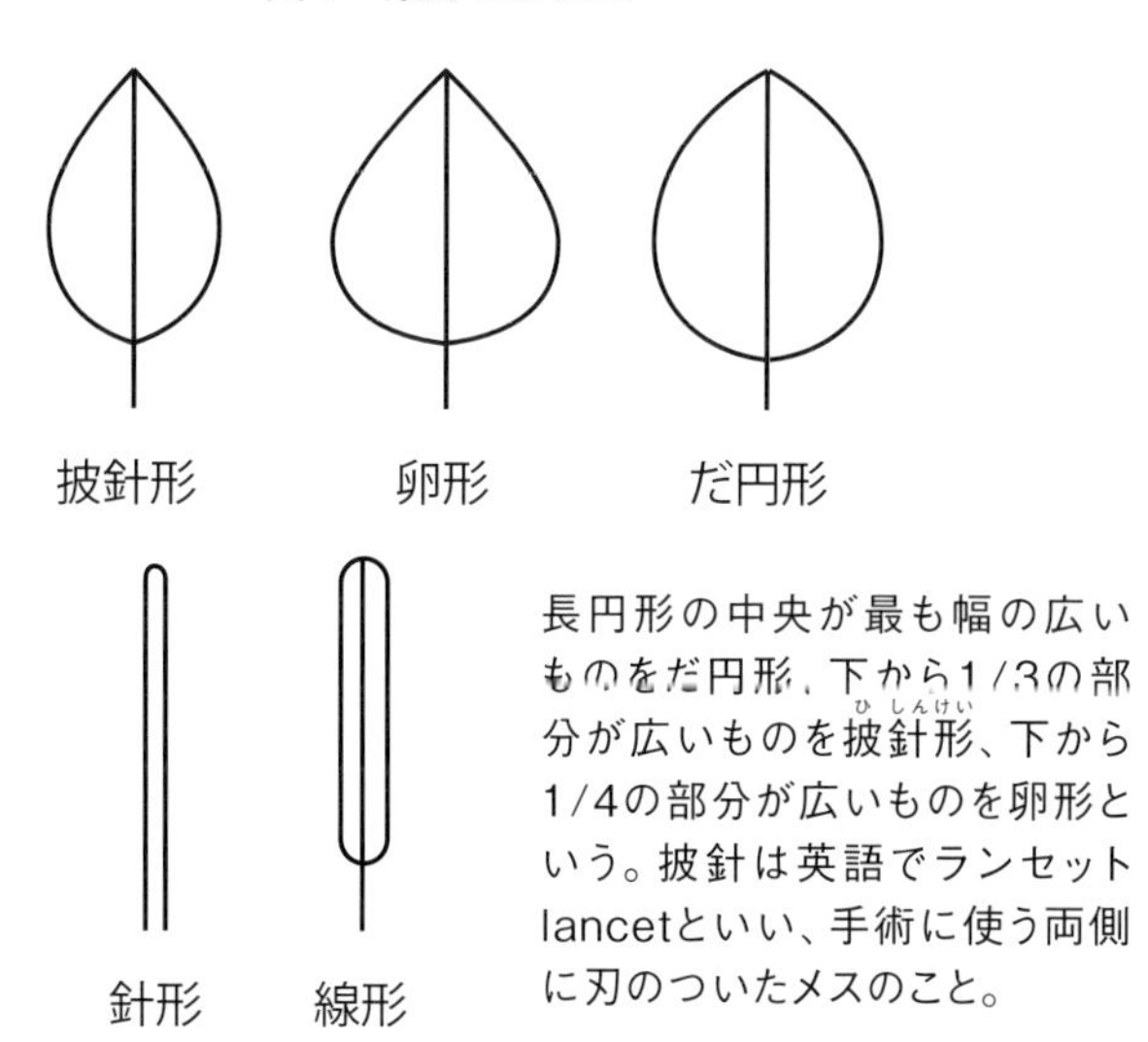

長円形の中央が最も幅の広いものをだ円形、下から1/3の部分が広いものを披針形、下から1/4の部分が広いものを卵形という。披針は英語でランセットlancetといい、手術に使う両側に刃のついたメスのこと。

図5　羽状複葉と掌状複葉

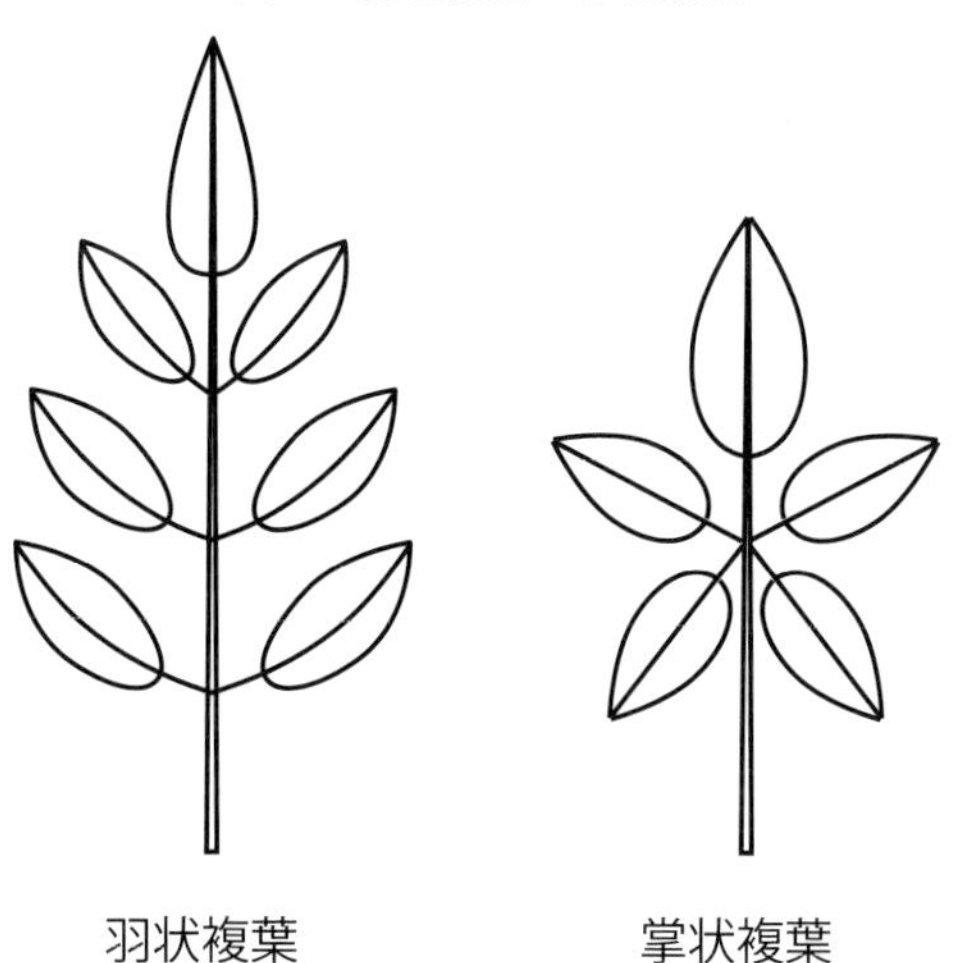

3 花

水中であれば精子が泳いで卵子に達して有性生殖が可能でしたが、陸上ではそうはいかないので、風や昆虫によって雄しべの花粉を雌しべに運び、効率よく有性生殖をするために花ができました。花をつける植物は受粉後に種子を作るために、種子植物と呼ばれます。現代は種子植物の時代で、陸上に生育する植物の大部分は種子植物です。種子植物は裸子植物と被子植物に分かれます。

裸子植物は針葉樹（スギ、マツなどの樹木）、イチョウ、ソテツなどがその仲間です。原始的なグループで、種子がむきだしでつくために裸子の名がつきました。一方、被子植物は種子が果皮に被われている（すなわち、種子が果実の中にある）のでこの名があり、より進化したグループです。

花は図6のように茎の先が少し広がった花托（花床）に外から順に萼（ひとつひとつは萼片）、花冠（ひとつひとつは花弁）、雄しべ、雌しべがついています。

雄しべは花粉の入っている葯とそれを支える花糸から成り、雌しべは花粉を受ける柱頭、将来果実になる膨れた子房とその間をつなぐ花柱からなっています。子房の中には種子になる胚珠があります**（図6）**。なお、萼は外花被、花冠は内花被ともいい、両者を合わせて花被といいます。

ユリやヒガンバナのように萼と花冠の区別がなく、全体が似ている場合は、これを萼、花冠とはいわず、萼を外花被、花冠を内花被といいます。

花は葉腋（ようえき）にひとつひとつ咲くものもありますが、ドクダミ、ミズバショウのように小さな花が集まって花穂（かすい）を作るものもあります。この場合花だけでは目立たないので、花穂の下の葉が総苞（そうほう）になり、花穂を飾ります（図7）。ミズバショウなど、サトイモ科の総苞は仏炎苞（ぶつえんほう）といいます（図8）。

ヒマワリやタンポポなどのキク科植物は、茎の先端が大きく広がってそこに多数の花をつけます。これを頭花（とうか）といいます。頭花の下部には緑色の総苞片（そうほうへん）がまるで萼片のようについており、全体がひとつの花のように見えます。イチジクはこの頭花のまわりが上に向かって伸び、袋状に閉じたもので花嚢（かのう）といいます（図9）。

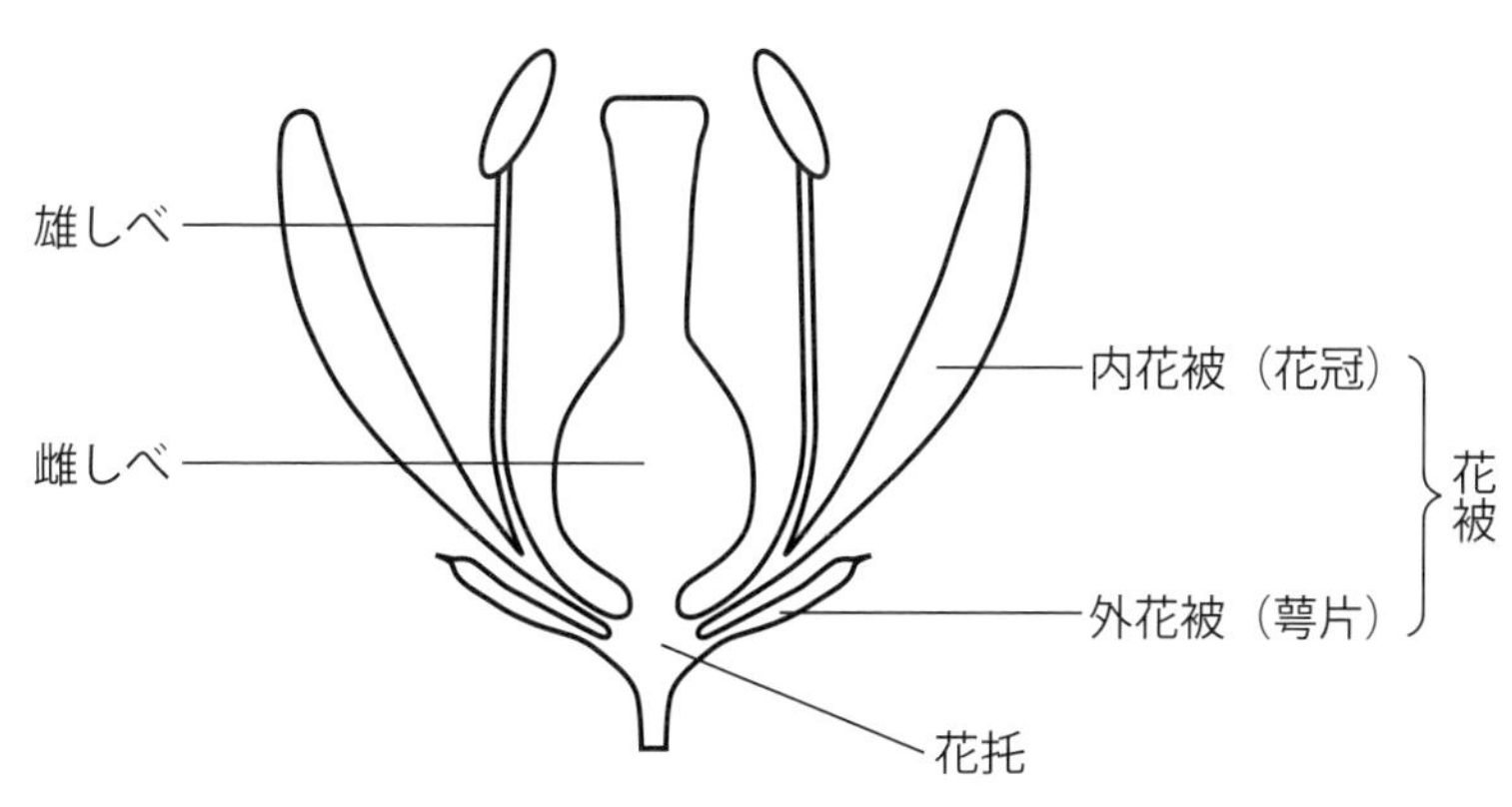

図6　花の構造

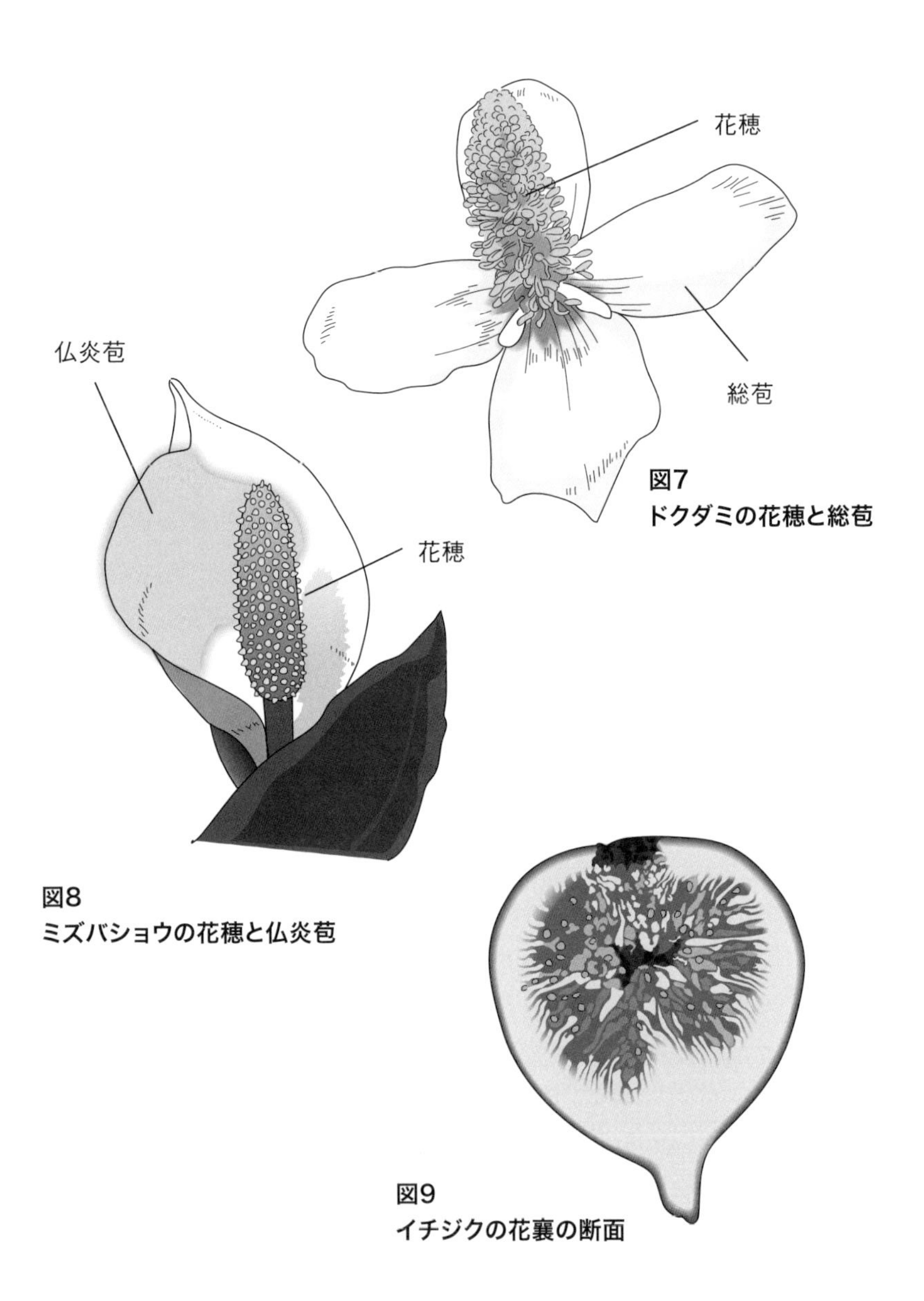

図7
ドクダミの花穂と総苞

図8
ミズバショウの花穂と仏炎苞

図9
イチジクの花嚢の断面

4 果実

花粉が雌しべの柱頭につくと、花粉管という細長い管を伸ばし、花柱を通って子房に達します。そして花粉管の中の雄核（精子に相当します）が、胚珠の卵子と結合します。これを受精といいます。

こうして胚珠の中に次世代の植物になる種子ができます。それと同時に胚珠を保護していた子房壁も発達し、かたくなったり、多汁になったりします。これが果実です。

モモ、ウメ、ミカン、カキなどを思い出してください。モモを例に果実の構造を説明すると、外側の皮の部分を外果皮、多汁の食用にする部分を中果皮、中央にあるかたい種のような部分を内果皮といい、内果皮の中にアーモンドに似た種子があります**（図10）**。ミカンの場合

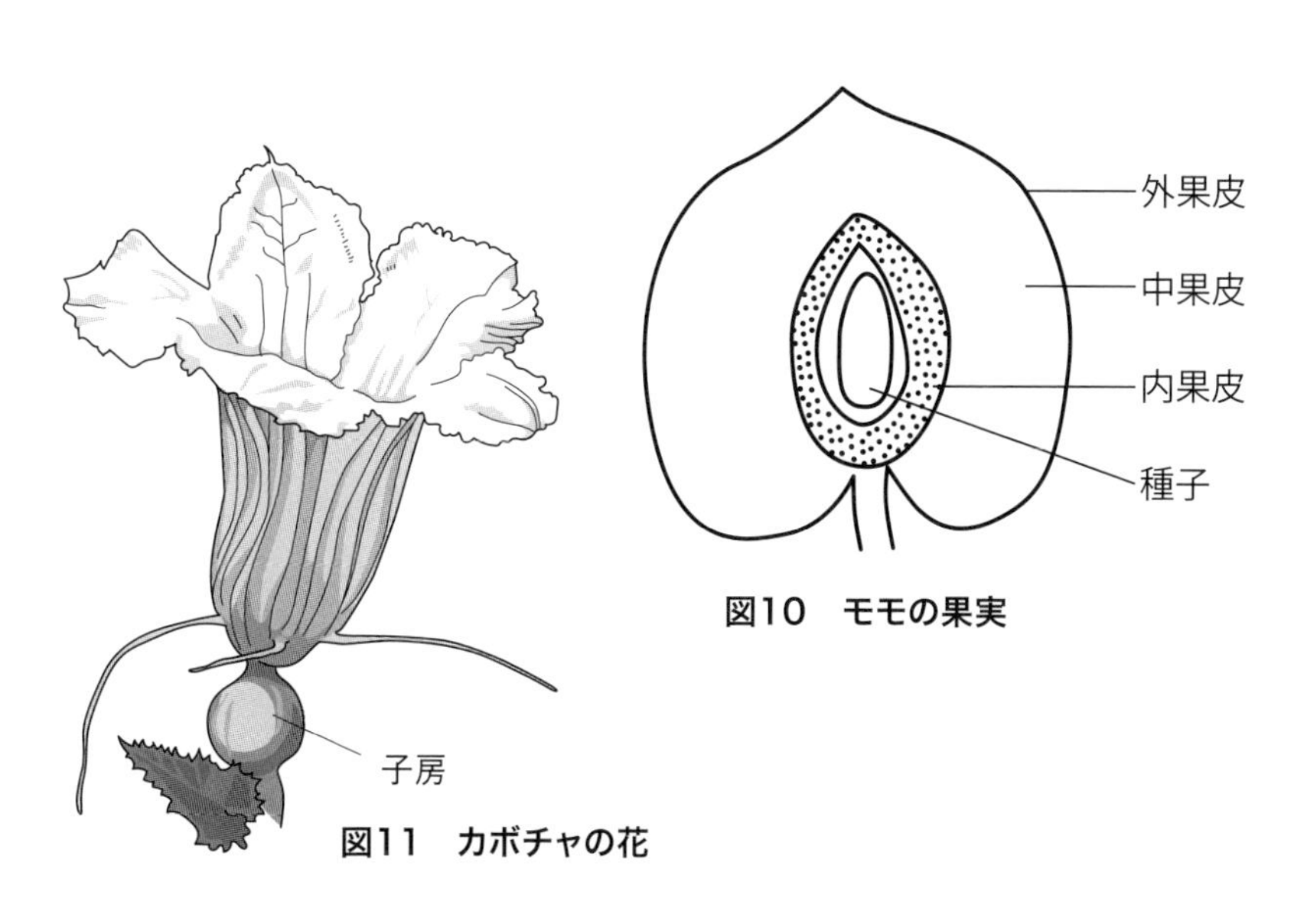

図10 モモの果実

図11 カボチャの花

は外側の黄色い皮の部分が外果皮、その内側の白い綿のような部分が中果皮、その内側の房のある部分が内果皮です。このように子房が発達した果実を真果（しんか）といいます。

これに対して子房以外の部分（主に花托）が発達して果実様になったものを、偽果（ぎか）といいます。バラ科のボケ、リンゴ、ナシ、ウリ科のカボチャ、キュウリ、ヒガンバナ科のスイセン、ヒガンバナなどの花を見ると、花被の下が丸く膨れています。これは子房下位（しぼうかい）といって、子房を花托が包んでいるので、果実の外側部分は花托です（**図11**）。

バラでは「果実」の中にある種子のようなものが果実で、まわりを囲んでいるのは萼筒（がくとう）です（**図12**）。イチゴは膨れた花托の上に果実が小さな種子のような形でついています（**図13**）。

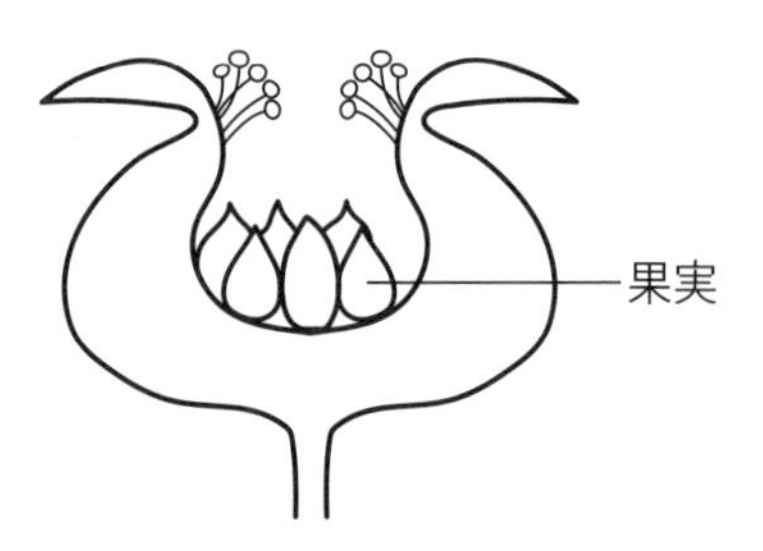

図12　バラの果実

中にある種子のようなものが果実で、外側は萼筒。

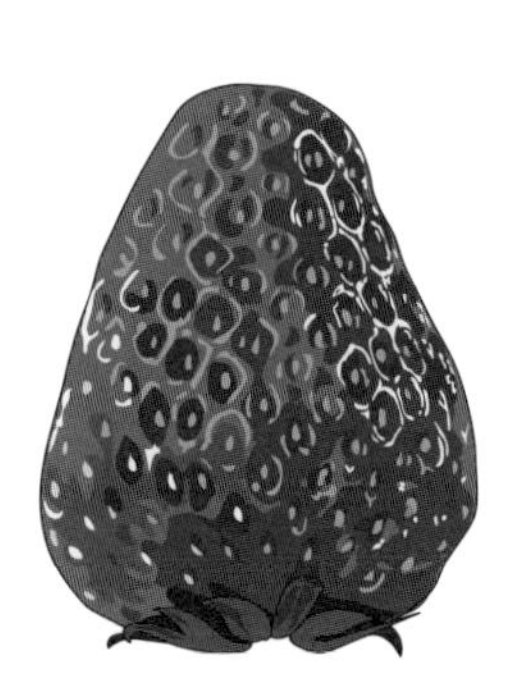

図13　オランダイチゴ

全体が花托で、表面の種子のような小さな粒が果実。

5 木本植物

木（木本植物）には高木と低木があります。これは昔、喬木、灌木といっていたのが、当用漢字にこの語がないことから作られた名前です。木の高さをいっているのではありません。高木はまっすぐ伸びる幹があり、そこから枝を出す木で、低木はバラやツツジのように幹がなく、多くの枝を出す木をいいます。

木も種子から芽が出たばかりの状態は草と同じですが、やがて茎の内部を1周する形成層ができます。形成層は外側に篩部、内側に木部を作る分裂組織です。そのために木はだんだん太ってきます。

木部は材（材木）といい、木の幹の大部分が材です。材の外側は辺材といい、生きた細胞が多く、根が吸い上げた水分などを植物の各所に

図14　スギの幹の断面

送っています。内側は心材（しんざい）といい、ほとんど死んだ細胞で水分補給の働きはせず、木を支えるための組織です（**図14**）。

死んだ組織なので、昆虫や菌に侵されないように芳香成分や色素などの物質を蓄積するものが多いです。香りで知られる白檀（びゃくだん）（サンダルウッド）はビャクダン科、紫檀（したん）（ローズウッド）はマメ科の心材です。

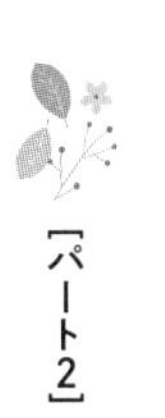

植物のにおい成分

1 におい成分の分離法

におい成分は以下のような方法で分離します。得られたにおい成分の混合物はほとんど水に溶けない液体なので、精油 essential oil と呼ばれます。

①圧搾法

レモン、オレンジなどのミカン科植物の果皮は、精油を含んだ大きな油室があるので、圧搾するだけで精油が採れます。果皮をローラーで押しつぶしたり、衣類の洗濯時に使う脱水機のように遠心分離器で精油を分離したりします。

精油をそのまま分離するので、自然のままの香りがします。一方で精油以外の物質も多く混ざっているので、得られた精油が劣化しやすいという欠点もあります。

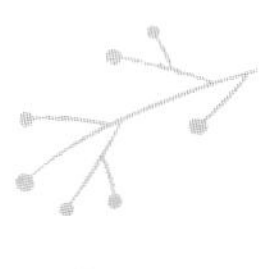

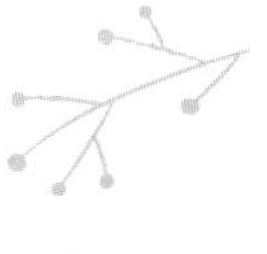

②溶媒抽出法

におい成分は有機溶媒に溶けるので、におい成分より沸点の低いアルコール、石油エーテル（石油の低沸点部分）、ヘキサン、エーテルなどで抽出したあと、溶媒を揮散させます。

③加圧下の液状炭酸による抽出法

炭酸ガスを高圧にすると液状になります。これを使って抽出をします。装置は高額ですが、抽出を終わって常圧に戻せば、炭酸ガスは揮散をして抽出物だけが残ります。

②、③で得られたものは、油脂や蠟（ろう）も含まれます。これをコンクリート concrete といい、コンクリートから精油部分をアルコールで抽出したものをアブソリュート absolute といいます。

④水蒸気蒸留法

におい成分は気体になろうとする蒸気圧があり、この蒸気圧は加熱すると次第に上がります。そして空気の圧力（1気圧）以上で、沸騰して気体になります。この温度を沸点といいます。におい成分を含む植物を加熱して、沸点以上になればにおい成分は気化し、冷やせば液体として得られるはずです。ところがゲラニオールの沸点は229℃、樟脳では204℃、シンナミックアルデヒドでは248℃というように、におい成分の沸点はかなり高いです。植物をこんな温度に熱すればいろいろな分解物が混ざり、とてもにおい成分だけの精油は採れません。

しかし、水と一緒に熱すると、水の蒸気圧とにおい成分の蒸気圧の合計が1気圧になれば、

ともに蒸留されます。すなわち水の沸点の100℃以下で蒸留がはじまります。こうして得た蒸留液の水の上部（比重が水より重いシナモンやクローブでは下部）に溜まります。これを精油といいます。精油が少し熔けている蒸留水も、芳香蒸留水、ハーブウオーター herb water の名で利用されます。

⑤アンフルラージュ法

バラ、ニオイスミレなど、貴重な香りだけれど含量の少ない植物ではアンフルラージュ法（フランス語：Enfleurage）といって、香りのある花などを牛脂、豚脂などの上に並べることを繰り返し、充分香りを吸った牛脂、豚脂からアルコールで香りの成分を抽出する方法です。

非常に手数のかかる方法で、今ではほとんど行われていません。ダマスクローズで有名なブルガリアでも、巨大な水蒸気蒸留器でローズ油を採っています（写真下）。

ブルガリアのバラ蒸留装置

2 におい成分の化学構造

植物が作るにおいの物質は有機化合物、すなわち炭素を主とする化合物ですが、気化するためには分子量が300以下でなければなりません。また、鼻の奥の粘膜を通り、においを感知する嗅覚センサー細胞にたどり着くには、水にも脂質にもある程度溶ける必要があります。さらにセンサーが感じる置換基の二重結合-C=C-、水酸基-OH、カルボニル -CO-、エステル-COO-、エーテル-O-、チオエーテル-S-などが分子内に必要です。

このようなことから、植物のにおいの成分は生合成的に酢酸-マロン酸経路でできる低分子の脂肪酸と、アルコールのエステル（例：リンゴ、モモなどの酢酸へキシル hexyl acetate、イチゴの酪酸エチル ethyl butyrate）およびメバロン酸経路でできるモノテルペン（炭素10個の化合物）やセスキテルペン（炭素15個の化合物）、酢酸マロン酸経路でできるフェニルプロパノイド（炭素6個のベンゼン環に炭素3個の側鎖のついたもの）に、上記の置換基がついたもの（それぞれ例を挙げると、モノテルペンではバラやゼラニウムのゲラニオール geraniol、クスノキの樟脳 camphor、セスキテルペンではバラのファルネソール farnesole、カモミールのビサボロール bisabolol、フェニルプロパノイドではシナモンのシンナミックアルデヒド cinnamic aldehyde）です（次ページ）。

においの成分構造式

酢酸ヘキシル hexyl acetate

酪酸エチル ethyl butyrate

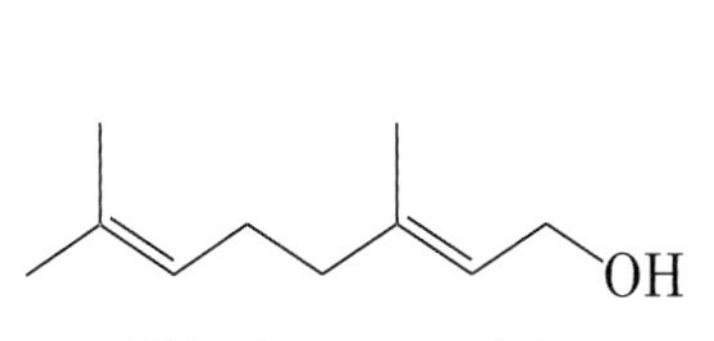

ゲラニオール geraniol

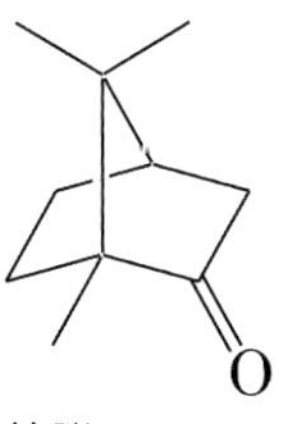

樟脳 camphor

ファルネソール farnesole

ビサボロール bisabolol

シンナミックアルデヒド cinnamic aldehyde

おわりに

植物を知る面白さ、楽しさを多くの人に知ってもらいたいと思い、身近にあるにおいのある植物についていろいろと書いたのが本書です。

私は小さい頃から理科的な勉強が好きでした。小学生の頃は昆虫採集などをしていましたが、昆虫を追いかけるのも、標本を作るのもたいへんだし、標本を作るために昆虫を殺すのもつらいし、趣味はいつの間にか植物に変わりました。狭い庭に草を植えたり、道端の雑草を眺めたりしていました。

都立西高校に進学すると、植物が大好きな高村忠彦君というクラスメイトがいて、二人でよく植物観察に出かけるようになりました。でも植物の名前を教えてくれる人はいません。私は父親が買ってくれた『牧野日本植物図鑑』と、高校の図書館にある図鑑で名前を調べました。クラスのハイキングでも二人は植物ばかり眺めていました。

あるとき、河童（かっぱ）の頭のような大きな葉を見つけたのですが、図鑑を調べても名前がわかりません。ところが東京新宿のデパートの植物売り場に行ったらこの植物が売られていて、ヤブレガサという名前がわかったということもありました。

高校卒業後も彼とはしばしば植物観察に行き、そのおかげで私の植物の知識もだんだん増えていきました。彼は鳥の名前を聞かれて「カモかも」と答えるなど、ユーモアたっぷりの人でした。その後、京葉洋ラン同好会の理事や野草友の会の会長をされましたが、残念なことに若くして病死をされました。私がここまで植物に詳しくなれたのは、彼と一緒だったおかげです。

高校卒業後は、東京薬科大学に進学しました。我が家から歩いて行ける近い大学です。でも近いからではなく、植物から作られる薬と、その成分や薬理作用に興味があったからです。この大学で私は薬用植物学教室の教員になり、定年になるまで勤めました。

学外では在職中もその後も、植物関係の会に加わったり、植物研究雑誌の編集委員になったり、植物の本の発行に関与したりしていました。ナード・アロマテラピー協会の会長になり、植物の香りにも関心が深まりました。

こうして私は小さいときから植物とつき合い、植物の知識を深める毎日を送ってきました。このように自分なりの人生を送れたのは、両親、兄弟、家族の理解、それに先輩や同僚の協力があったおかげです。

人生の終幕が目の前に見えてきた今、私はフランク・シナトラの歌「マイウエイ」をYouTubeでしみじみと聞いています。私の人生はまさにこの歌のとおりです。いやな思い出もわずかにありましたが、そんな思い出は歌とともに流れ、消えていきました。

そして今、我が人生の記念のようにこの本が出版できるのは、うれしいことです。出版に取り組んでくださった福元美月さんをはじめ、ＢＡＢジャパンの方々に、心から感謝いたします。また、写真の多くは私が撮影をしたものですが、一部は友人の磯田進氏、馬場雄一郎氏、そして「植物図鑑植木ペディア（管理人松村忍氏）」にも提供していただきました。感謝をいたしております。

最後に私の本を読んでくださったあなたへ。

植物が放つにおいに興味を抱いて本書を手にとってくださったことと思います。植物のにおいは、植物自身のあずかり知らぬところで、私たちを魅了したり、嫌悪させたりします。そして時には、私たちの生活を大いにサポートしてくれます。

においが特徴的な植物は、紹介しきれないほど多いのはいうまでもありません。本書をきっかけに、より深い関心を抱いてくださる方もいることでしょう。高村君とともに、はじめて見る植物を知ろうと図鑑のページをめくった、あのわくわくした気持ちを、一人でも多くの方に味わっていただけたら、こんなにうれしいことはありません。

二〇二三年七月

指田　豊

指田 豊（さしだ ゆたか）

薬学博士。東京薬科大学名誉教授。日本薬史学会理事。日本植物園協会名誉会員。ナード・アロマテラピー協会顧問。1938年東京生まれ。専門は薬用植物学、生薬学。大学退職後は薬用植物、ハーブを中心に身近な植物の観察と活用に関して、講演、執筆、野外観察指導などをしている。本書で紹介した写真のうち次ページの記載のないものは、すべて著者がこれまで撮りためてきた。著書に『薬用植物学』(廣川書店)、『薬になる野の花・庭の花100種』(NHK出版)、『身近な薬用植物』（平凡社)、監修に『日本の薬草』(学習研究社)、『散歩で見つける薬草図鑑』（家の光協会）等多数。

写真協力
アドビストック（本文中 St と記載のある写真）
磯田進（本文中 Is と記載のある写真）
庭木図鑑 植木ペディア（本文中 Up と記載のある写真）
https://uekipedia.jp
馬場雄一郎（143 ページ。図３シボリイリス）

イラスト 石井香里
デザイン 大口裕子

自然が生み出した化学の知恵

身近な「匂いと香り」の植物事典

2023年8月30日　初版第1刷発行

著　者　指田 豊
発行者　東口 敏郎
発行所　株式会社BABジャパン
〒151-0073 東京都渋谷区笹塚1-30-11 4F・5F
TEL: 03-3469-0135　FAX: 03-3469-0162
URL: http://www.bab.co.jp/　E-mail: shop@bab.co.jp
郵便振替00140-7-116767
印刷・製本　中央精版印刷株式会社

ISBN　978-4-8142-0563-9

アロマ&ハーブ関連オススメ書籍

香り、色を楽しみ　薬効を実感！

書籍　暮らしに役立つハーブチンキ事典

あなたと大切な人の健康を守る強い味方！ドライハーブをアルコールに浸けるだけ！昔から愛されてきた家庭の手作り常備薬は、植物の薬用成分による究極の自然療法！植物が蓄えてきた根源となる「生きる力」は、自然界からの最高の贈りものです。

●川西加恵 著　● A5 判　● 184 頁　●本体 1,500 円＋税

その症状を改善する

書籍　アロマとハーブの処方箋

連載で人気を博した、体の不調から美容、子どもと楽しむクラフトなどのレシピに加え、本書ではハーブの薬効を活かしたアルコール漬け、チンキもご紹介!! 精油とハーブの特徴を知りぬいた著者ならではの、ほかでは見られないレシピが満載です。

●川西加恵 著　● A5 判　● 264 頁　●本体 1,700 円＋税

予約のとれないサロンの

書籍　とっておき精油とハーブ 秘密のレシピ

すぐに予約でうまってしまうサロンの講義から、人気のクラフト、料理、お菓子のレシピを大公開！精油やハーブの組み合わせを変えて作れる用途に応じた豊富なバリエーション!! 精油とハーブ使いの初心者からプロまで、この一冊があなたのハーバル・アロマライフを豊かにしてくれます！

●川西加恵 著　● A5 判　● 162 頁　●本体 1,500 円＋税

幸せを引き寄せる

書籍　赤毛のアンとハーブのある暮らし

まるで、アンの絵本を読んでいるような感覚でガーデニングが楽しめます。アンが“ボニー”と名付けた「ゼラニウム」、ダイアナにふるまうはずだった「ラズベリー」誘惑の「りんご」はギルバートからアンへの愛情表現 ...etc。誰でもできる！育てやすい植物（ハーブ）を名場面と共にご紹介します。

●竹田久美子 著　● A5 変形　● 170 頁　●本体 1,500 円＋税

タロットで占うハーブのメッセージ

書籍&カード　ハーバルタロット

恋愛・仕事・健康、人生の混乱を乗り越える助けとして。ハーブは、身体と精神をやさしく癒します。７８枚のタロットカードにより導かれるハーブのエネルギーが、あなたの人生のガイドとなり、内外の世界を探求する助言を与えます。オリジナルタロットカード７８枚付き。

●マイケル・ティエラ 著　●四六判　● 320 頁　●本体 4,200 円＋税

植物のチカラで癒される!! オススメ書籍

フラワーレメディーの真髄を探る

書籍　エドワード・バッチ著作集

汝、自らを癒せ。フラワーエッセンスの偉大なる創始者、エドワード・バッチ博士は、自分の書いたものはほとんど破棄していたため、著作は多く残っていません。本書はその中から主な講演記録や著作物を集めた貴重な専門書です。フラワーエッセンス愛好者やセラピスト必携の一冊です!!

●エドワード・バッチ 著　● A5 判　● 340 頁　●本体 2,500 円+税

155 種類の植物を解説する　フラワーエッセンスガイド

書籍　フラワーエッセンス事典

花療法を裏づけるあらゆる要素を網羅!「バッチ・フラワーレメディ」の開発者として知られるエドワード・バック（バッチ）、医師・植物学者・占星術師のN（ニコラス）. カルペパーほか薬草魔術家、ネイティブアメリカンからの教えなど、かずかずの貴重な資料をもとにまとめた唯一無二の書!

●王由衣 著　● A5 判　● 360 頁　●本体 2,636 円+税

西洋占星術で選ぶフラワーエッセンス

書籍　星が導く花療法

うまれたとき・場所が示す自分だけの魂の「羅針盤」ホロスコープが読み解く花のエネルギーの選び方・使い方を紹介。自らの効果を実感しながら、フラワーエッセンスの力をホロスコープにより裏づけていった、古くて最も新しい、フラワーエッセンスと西洋占星術解読の書!

●登石麻恭子 著　●四六判　● 264 頁　●本体 1,700 円+税

楽しみながら行える投影療法

書籍　押し花セラピー

花の色や形、置く場所、その一つ一つが、「潜在意識」を映し出す。押し花セラピーは、子どもから高齢者まで、実に無理なく、優しく心を開くセラピーです。美しい花と触れ合う上質な時間を持つこと、それもまた、癒やしのプロセスにつながります。

●若林佳子、尾下恵 著　● A5 判　● 144 頁　●本体 1,600 円+税

生年月日で導かれた 12 の花が起こす小さな奇跡

書籍　誕生花セラピー

数秘術の魔法（パワー）で幸せの扉を開く。自分の魅力に気づき、もっと自分を好きになる!数秘術を花のイメージにのせた新解釈で、心理学の手法で癒やし効果も抜群!! 美しい花々の魅力そのままに、あなたの人生が輝き出します。

●白岡三奈 著　● A5 判　● 240 頁　●本体 1,700 円+税